清华大学人居科学系列教材

水彩

建筑美术基础

王青春 著

清华大学
出版社 北京

图书在版编目（CIP）数据

建筑美术基础水彩 / 王青春著. — 北京 : 清华大学出版社, 2024.2
清华大学人居科学系列教材
ISBN 978-7-302-65660-9

Ⅰ.①建⋯　Ⅱ.①王⋯　Ⅲ.①建筑画－水彩画－绘画技法－高等学校－教材　Ⅳ.①TU204.112

中国国家版本馆CIP数据核字(2024)第048247号

责任编辑：刘一琳　王　华
装帧设计：陈国熙
责任校对：王淑云
责任印制：丛怀宇

出版发行：清华大学出版社
　　　　　网　　　址：https://www.tup.com.cn，https://www.wqxuetang.com
　　　　　地　　　址：北京清华大学学研大厦 A 座　　　　　邮　　编：100084
　　　　　社 总 机：010-83470000　　　　　邮　　购：010-62786544
　　　　　投稿与读者服务：010-62776969，c-service@tup.tsinghua.edu.cn
　　　　　质量反馈：010-62772015，zhiliang@tup.tsinghua.edu.cn
印 装 者：北京博海升彩色印刷有限公司
经　　销：全国新华书店
开　　本：210mm×285mm　　　　　印　　张：12　　　　　字　　数：156 千字
版　　次：2024年3月第1版　　　　　印　　次：2024年3月第1次印刷
定　　价：89.00 元

产品编号：089238-01

前言

水彩艺术起源于欧洲，18世纪到19世纪中期是水彩艺术大发展的时期，英国的一批艺术家为水彩艺术的发展做出了卓越的贡献。其中，印象主义的先驱者透纳（Turner）功不可没，他在色彩和空气表达技巧方面做了大量的尝试和革新，使水彩画作为一门独立的画种真正登上了艺术殿堂，他的风景画通过光和色彩表现出激情和力量，有着震撼人心的视觉效果。

19世纪末20世纪初，水彩画传入中国。由于水彩画与中国传统水墨画在材料和表现技法上有一些相似之处，比如都是以水作调和剂，在纸本上作画，用水、用笔的形式多有类似，其视觉审美也与中华民族含蓄委婉、抒情达意的审美心理相吻合，因此，西方的水彩画传到我国后便很快为大众所喜爱。

水彩颜料的透明性和水的流动性使水彩画具有独特的艺术表现力。因其简便的作画材料、简洁的表达效果，在传统建筑渲染效果图表现上，水彩画曾经也大放异彩。在现今，画水彩画依然是建筑师学习和实践色彩知识的途径。

清华大学建筑学院水彩课拥有优良传统，既有吴冠中、常沙娜、李宗津、李斛、高庄、关广志、华宜玉、刘凤兰、程远、周宏智、高冬等老先生们的传统教学，也有新一代优秀青年教师的传承发展、与时俱进。多年来，水彩教学特色和成果得到了广大师生的肯定与欢迎，水彩课实习是同学们大学生活的美好回忆。如今，水彩课是实践类的美育基础课程，并于2021年被选为清华大学精品课程。通过水彩课提高了学生色彩造型审美。

编写本教材旨在为初学者提供进阶训练，以水彩为造型手段，以室内静物、户外风景为表现题材进行绘画练习。教材内容从易到难，涵盖了从基础色彩知识到深入掌握色彩规律等内容。同时，本教材中还详细讲解水彩绘画的基本原理和规律，通过由简单到复杂、由室内到室外的教学模式，教授同学们观察方法和基本的水彩技法，解决初学者困惑，提高学习效果。另外，作者还编写了通俗易懂的水彩绘画口诀，便于学生更加宏观整体、对比统一地描绘客观世界。同时本教材也适用于广大普通零基础水彩绘画初级爱好者。

王青春
2023年5月

建筑美术基础水彩

目录

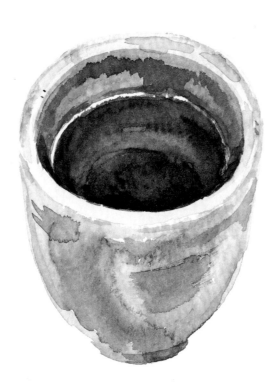

水彩基本知识

1.1　水彩的概念

　　水彩是一种以水为主要媒介调和颜料作画的表现方式。由于水的流动痕迹以及颜料的透明性，水彩画画面的颜色也具有透明性，并且呈现出水彩特有的酣畅淋漓的美感。水彩画的独特之处在于水和色的结合，具有透明性、随机性、纸质肌理与颜色沉淀等特点，这些都为水彩画增添了独特的魅力。此外，水彩颜料的干湿浓淡变化以及在纸上的渗透效果形成奇妙的变奏关系，使得水彩画具有特有的表现力。水彩画的视觉效果通常是透明轻快、清新舒爽的，具有自然的灵动之美。

1.2　水彩技法

1. 湿画

湿画

　　湿画是一种绘画技法，其特点是在画纸上涂抹水或将画纸浸泡在水中，再在湿润的表面上涂抹颜料。湿画能够产生微妙润泽、虚化、水色淋漓的效果。湿画的效果取决于水分的多少以及画面变干时间的长短，因此需要画家掌握得当。湿画常常采用重叠着色和未干时的涂色技法，使画面更加丰富和生动。

2. 干画

干画是一种多层画法，与湿画不同的是，它不需要刷湿画纸，而是直接在干燥的画纸上进行绘画。干画的特点是有明显的笔触，不追求颜料的渗透和混合效果，可以逐渐叠加颜色以表现形体结构和丰富的色彩层次。干画相对于湿画更加从容，使得作品表现出来的形态更为准确、明晰。

干画

3. 叠色

叠色是一种水彩画的作画技法，即在第一遍着色未干时，进行第二遍着色，使颜料之间重叠渗透，达到色彩调和的效果。通过叠色，可以调整画面整体的色调和层次感，使画面更加丰富多彩。但是，叠色要注意颜色的搭配和重叠次序，本着先冷后暖、先轻后重、先淡后浓的原则以达到理想的效果。

黄色上面叠大红色，变成了朱红色

黄色上面叠红色，再叠群青色，就变成了色彩丰富的蓝灰色

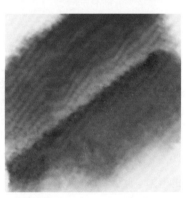

红色湿接蓝色

4. 湿接

湿接是一种水彩画的作画技法，指在第一笔颜色未干时，接着画第二笔颜色并与第一笔颜色相接触，使颜色重叠、渗透，达到柔和过渡的渐变效果。此技法的特点在于，水分的多少和画面变干时间的长短需要掌握得当，才能产生微妙润泽的效果，并且需要避免出现水渍等问题。

5. 罩色

罩色是一种水彩画的作画技

黄色罩群青色，变成青绿色

用同一浓度的蓝色多遍罩色，使颜色变得均匀厚重

枯笔

法，通常在第一层颜色完全干透后进行。这种技法需要充分调和第二层颜色，并用大面积薄涂的方式一次性完成。在进行罩色时，一般不要回笔，以免带起底色。为了达到最佳效果，要注意在调和颜色时，将重色罩在浅色上，将冷色罩在暖色上。这种技法可以增强画面的层次感和色彩深度，使画面更加丰富。

6. 枯笔

枯笔是指笔上水分较少、颜料较多，因此在运笔时容易出现间断性空白，这种现象通常出现在运用水墨或水彩等水性颜料时。在运用枯笔技法时，通常需要掌握好水分的饱满程度，以及不同纸张的吸水性，合理地使用飞白。在粗纹纸上使用浓度较大的颜色快速作画时，很容易产生飞白。这种产生飞白的技法称为枯笔。

留白

7. 留白

留白是一种水彩画的作画技法，水彩颜料的透明特性决定了这一作画技法的使用。在一些高光、白色位置，需在画深一些的色彩时"留空"出来，以达到良好的层次感和透明度，增强画面的视觉冲击力。留白的处理需要根据画面整体的需要和个人的审美进行调整，注意留白的大小和位置，以达到最佳的视觉效果。

1.3 水彩绘画工具

在水彩画的绘制过程中，有一些专业工具是不可或缺的，其中包括水彩纸、画笔、颜料、媒介剂等。这些工具种类繁多，价格也有很大差异，初学者可以根据自己的实际情况和本书的介绍选择适合自己的工具。接下来，我们逐一向大家介绍这些水彩绘画工具。

画凳

1. 画架、画凳

画架是绘画者在作画时用来支撑画板或水彩本的工具，它可以由木材、金属或塑料等材料制成。绘画者可以根据需要将画板或水彩本直立、倾斜或水平放置在画架上，以控制水分流动和适应自己的绘画姿势。另外，也可以调高或调低画架，以便绘画者更好地控制画笔和完成作品。

画凳是一种便于携带的凳子，通常由金属或木材制成，有四条腿或三条腿。绘画者可以坐在上面，以更舒适的姿势进行创作，特别是在外出写生的时候。

画架

涮笔桶

建筑美术基础水彩

2. 涮笔桶

涮笔桶是一种小型水桶，它可以用金属、塑料或硅胶等不同材料制成。涮笔桶主要用于涮洗画笔，清洁画笔上的颜料，以便更换颜料。

3. 喷壶

喷壶是一种塑料制的器具，能将水雾化，常用于调节水彩画作品表面的湿度，增加画面的层次感和色彩柔和度。喷壶还可以用于湿润画笔、颜料等。在绘制水彩画时，绘画者可以适当调整喷壶喷雾量的大小和喷雾的方向，以便达到所需的效果。

喷壶

4. 水溶性胶带

水溶性胶带是一种具有黏合功能的纸质胶带，常用于将水彩纸裱贴在画板上，使画面更加平整、稳定。通常选用韧性较大的纸张作为基材，一面涂上黏合剂。这种黏合剂会在遇水后变得更加黏稠。水溶性胶带使用方便，能够有效避免画纸的移动和变形，使画面更加稳定和整洁。

水溶性胶带

5. 海绵（或纸巾）

海绵是一种多孔材料，具有良好的吸水性。海绵主要有两种类型：一种是由海绵动物制成的天然海绵；另一种是由木纤维素纤维或发泡塑料聚合物制成的人造海绵。在水彩画作画过程中，海绵主要用于吸取画笔多余的水分，以及擦拭和修改画面。由于其吸水性能良好，可以较快地帮助绘画者清除画面上的颜料。

海绵

6. 调色盒

调色盒也叫颜料盒，是用于储存和混合水彩颜料的工具，通常由塑料或金属制成。它方便携带，在需要的时候可随时使用。有的调色盒带有胶圈，密封性较好，能够保证颜料不会外泄，也可以防止颜料干燥。除此之外，调色盒还有多个小格子，用于放置不同颜色的颜料，方便单独调色和混合调色。

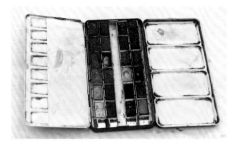

调色盒

7. 画笔

画笔是水彩画作画最主要的工具，其材质包括动物粗毛和精细纤维等。画笔的大小、形状和品种都非常繁多，选择适合自己的画笔可以帮助绘画者更好地表现细节和达到所需要的效果。常见的画笔品种根据笔头形状有圆头笔、扁头笔、尖头笔、粗头笔，或根据笔头材质有羊毛笔、貂毛笔等。不同的画笔适合不同的绘画要求，例如粗头笔适合填充大面积颜色，而尖头笔适合绘制细节和线条。

（1）貂毛水彩笔：这是一种具有软硬适中特点的画笔，由貂毛制成。它的蓄水量相对较大，能够帮助绘画者更好地控制水彩颜料的流动。由于该笔具有便携性，绘画者可以随时随地进行水彩创作。

（2）松鼠毛水彩笔：这是一种优质的水彩画笔，笔毛由松鼠尾巴上的细毛制成，质地柔软、弹性好。使用时可灵活掌握画笔粗细

画笔

貂毛水彩笔

和笔触厚薄。松鼠毛水彩笔蓄水量大，能够在纸上创造出流畅自然的渐变效果。它既可用于绘制细节，也可用于大面积上色，是水彩绘画者常用的工具之一。

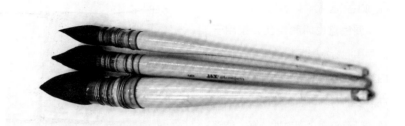

松鼠毛水彩笔

（3）尼龙水彩笔：尼龙水彩笔的笔头弹性较强，使用时手感舒适，用于一些特殊的规则笔触。相较于其他水彩笔，尼龙水彩笔蓄水量较小，但仍可以进行简单的涂抹。尼龙水彩笔的笔头形状多种多样，有平头、圆头、角头、切角头等，可以用来画出不同形状和线条的效果。

尼龙水彩笔

（4）兼毫中国画毛笔：这是一种用于中国画的笔具，其毛质软硬适中，可用于细节和整体的描绘。它能够较好地储存水分，适合于水墨画和水彩画等不同类型的绘画作品的创作。其笔毛一般由动物（如黄鼠狼、羊等）的毛发制成，毛发的质地不同，使用时可产生不同的笔触效果。在中国画的描绘中，兼毫毛笔的应用十分广泛，既能勾画出线条，也能表现出墨色的丰富变化。

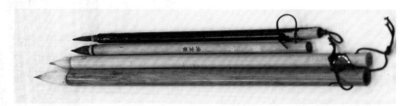

兼毫中国画毛笔

（5）板刷：这也是一种画笔，刷毛有羊毛和松鼠毛两种不同材质。羊毛板刷毛偏软、弹性小，但蓄水量大；松鼠毛板刷则软硬适中、有弹性，同样蓄水量大。这种画笔适用于大面积的渲染和铺陈。

板刷

建筑美术基础水彩

8. 水彩纸、水彩本

（1）水彩纸：这是专门用来画水彩画的纸张，它的特点是吸水性比一般纸张高，纸张较厚，纸面的纤维也较粗韧，不易因重复涂抹而破裂或起毛球。水彩纸的种类很多，主要由木浆和棉浆制成。在选择水彩纸时，还需要考虑其质地、厚度、纹理、吸水性等因素。

① 木浆水彩画纸是以木浆为主要成分制成的，吸水性较差，流动性较强，难以控制，容易出现一些特殊效果，如渐变、扩散等，但同时也容易出现褪色的问题。适用于练习和平面作品，价格相对较低。因此，使用木浆水彩画纸需要更加熟练的水彩技巧和经验，才能更好地发挥其特殊的艺术效果。

② 棉浆水彩画纸的主要成分是棉浆。与木浆水彩画纸相比，棉浆水彩画纸的吸水性强，流动性适中，易于控制，质地更加优良，适合用于高档作品，价格也相对较高。棉浆水彩画纸比较耐用，反复涂改也不易破裂或起毛球，适合精细描绘。此外，棉浆画纸的克数（厚度）也有差别，一般推荐选用300g左右的纯棉浆纸，这样的纸张较为厚实，能够更好地承受水彩的重量和颜料的渗透，绘制出更加饱满且有质感的画作。

（2）水彩本：这是由多张水彩纸装订而成，便于携带和写生。它四周有胶封口，只有一小段开口方便裁剪纸张，使用方便，避免了裱纸的麻烦。但需要注意的是，水彩本不适合使用过多水分的画法，因为使用过程中四周的胶水容易开胶。使用前最好用水胶带封住四周的边缘，并留出裁剪孔。此外，水彩本的选择也需要注意，一般建议选择由厚度适中的水彩纸（300g左右的纯棉浆纸）制成的水彩本，以便获得更好的效果。

9. 水彩颜料

水彩颜料是一种专门供绘制水彩画使用的颜料。它的载体是一种透明度高、附着力强、全溶于水的树胶液，可与各种颜料混合而成。水彩颜料的优点是颜色鲜艳、透明度高，可用水稀释调整颜色的深浅，容易掌握、操作简单，而且画出来的效果非常清新、柔和。不同品牌和系列的水彩颜料，具有不同的颜色和质地，适合不同的绘画风格和需求。

锡管水彩颜料

（1）锡管水彩颜料：这是一种膏状水彩颜料，通常装在小的锡制管中，因此得名。它的特点是湿润，调和方便，适于细节描绘和细致的涂抹，但由于是膏状装在小管中，不如固体颜料携带方便。

（2）固体水彩颜料：这是一种块状的水彩颜料，相比于同级别的管装颜料质量更高。一般需要和固体颜料盒配合使用，方便携带和储存。然而，使用固体水彩颜料需要蘸取和调和，相对于管装水彩颜料而言不太方便。

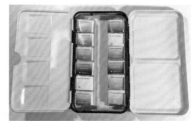

固体水彩颜料

10. 常用色

常用色：是指绘画者在水彩画中经常使用的颜色，因为水彩颜料种类繁多，在实际应用中不可能全部使用。所以绘画者会选用常用的几种或十几种颜色，通过这些颜料的调和，可以产生千百种丰富多彩、变化多样的颜色。选用哪些颜色取决于绘画者的个人喜好和作品需要表现的色调、光影等方面。

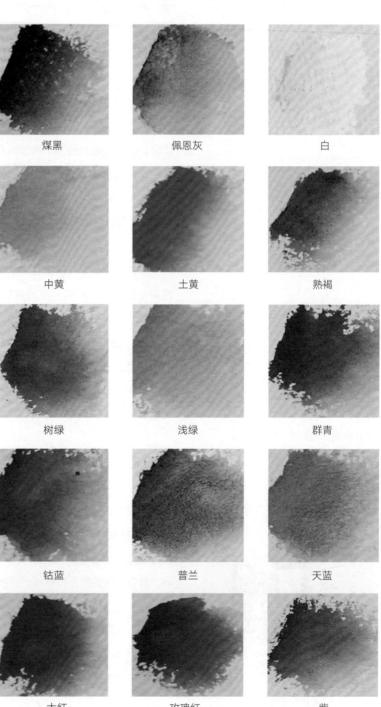

煤黑　　　　　佩恩灰　　　　　白

中黄　　　　　土黄　　　　　熟褐

树绿　　　　　浅绿　　　　　群青

钴蓝　　　　　普兰　　　　　天蓝

朱红　　　　　大红　　　　　玫瑰红　　　　　紫

留白液

粗盐

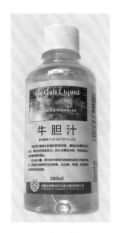

牛胆汁

阿拉伯树胶

11. 其他材料

水彩画是一种非常有表现力的艺术形式，它以色彩鲜艳、透明度高、表现力强为特点，因此备受绘画者喜爱。在绘制水彩画的过程中，除使用水彩颜料外，绘画者还会根据需要使用其他材料来达到不同的表现效果。

（1）留白液：是一种水彩画中常用的材料，也称为遮盖液。在需要留白的部位，可以使用留白液进行涂抹，等待干燥后，留白液形成的隔水膜可以保护这部分画面不受水彩颜料的涂抹干扰。当画面干燥后，使用橡皮擦掉遮盖膜，就可以在这个区域继续作画。

（2）粗盐：是一种常用于水彩画中的特殊材料。当水彩画面还未完全干燥时，可以在画面上撒上粗盐粒，等待画面干燥后再轻轻擦去盐粒，就会留下盐花的痕迹。这种绘画技法可以产生非常独特的视觉效果，增强画面的艺术感和立体感。

（3）牛胆汁：是一种常用的水彩画材料，它可以被用来提高水彩颜料的湿润度，增强水彩颜料的扩散效果，同时降低水的表面张力。这些特性使得牛胆汁成为一种非常有用的材料，尤其是在需要制造柔和的过渡效果时。牛胆汁的使用方法是将其加入水彩颜料中。

（4）阿拉伯树胶：是一种常用于水彩画中的添加剂，可以改善水彩颜料的黏度和流动性，使颜料更容易展现在纸张上。同时，阿拉伯树胶也可以增加水彩颜料的光泽和透明度，使颜色更加鲜艳明亮。此外，阿拉伯树胶还可以延缓水彩颜料的干燥时间，使绘画者有更多的时间进行调整和创作。因此，阿拉伯树胶在水彩画的绘制过程中扮演着重要的角色。

1.4 裱水彩纸的方法步骤示范

1. 工具准备

绘制水彩画前，需要把水彩纸裱到画板上，这样做有利于水彩颜料的扩散和渲染效果，同时可以避免纸张受水彩颜料渗透而起皱或变形。

所以需要准备工具：①水胶带；②小毛巾；③水桶；④喷壶；⑤大垫板；⑥水彩纸；⑦木制画板。

2. 步骤

（1）清洁大垫板，并将水彩纸平铺在垫板上。接着，用喷壶将纸张的正反面都均匀地喷湿，然后静待约10分钟，让纸张充分均匀地吸收水分。

（2）准备水胶带，水胶带长度要比水彩纸边略长，裁开备用。

（3）将裁好的水胶带快速地浸入水桶中，使其完全浸湿，并捞出水面，确保胶面朝上。接着稍稍晾放约2分钟，使水胶带的胶溶化。

（4）将水彩纸平放在画板上，用小干毛巾沿着四周轻轻擦拭，以尽量减少水分，并防止在晾干过程中水分稀释水胶带的胶水。

（5）将水胶带贴在水彩纸的边缘上，只需要贴到纸张边缘的一半，然后用干毛巾沿着水胶带的表面用力擦拭一遍，以去除多余的水分。同时，擦拭过程中要注意力度适中，以免把水彩纸弄破或使水胶带脱落。这个步骤的目的是将水胶带固定在水彩纸上。

（6）将裱好水彩纸的画板水平放置，让其自然晾干，或者用吹风机等热风工具保持适当距离，均匀地加热干燥，以免影响画面质量。在等待晾干的过程中，不要移动画板，避免水分蒸发不均匀崩开。当水彩纸完全干燥后，画板和水彩纸变得非常平整，可以进行后续的水彩画创作。

2

色彩基础知识

色彩是由光线照射物体，经过反射、折射、透过等作用后进入眼睛产生的视觉心理感受，是我们最为敏感的视觉元素之一。在绘画艺术中，色彩起到了极为重要的作用，它不仅能够真实地再现对象，表现本身的美感，而且还能够创造出视觉空间，使画面更加具有立体感和深度。绘画者通过运用不同的色彩搭配，表现出作品要传达的情感和意义，形成独特的艺术风格和风貌。因此，色彩对于绘画艺术的重要性是不可忽视的。

2.1　色彩的原色、间色、复色

1. 原色

从色彩学理论上讲，红、黄、蓝为三原色。三原色是用以混合出其他颜色最基本的颜色，它们是无法用其他颜色混合调配出来的基本颜色。这些颜色在绘画中非常重要，掌握它们的使用可以让绘画者更加灵活自如地表现出丰富多彩的画面效果。

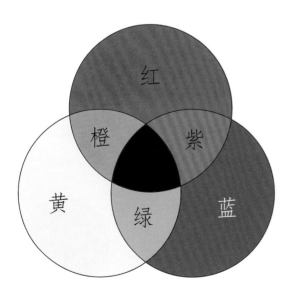

原色（红、黄、蓝）与间色（橙、绿、紫）的关系

2. 间色

由两个原色混合所得出的颜色称为间色。其特点是鲜艳、明亮。标准的间色只有三种：红色和黄色混合形成橙色，蓝色和黄色混合形成绿色，红色和蓝色混合形成紫色。

3. 复色

由三种原色或两种以上的间色按不同比例混合而成的颜色称为复色。

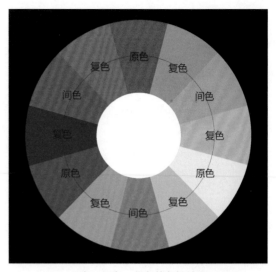

原色、间色、复色的色轮关系

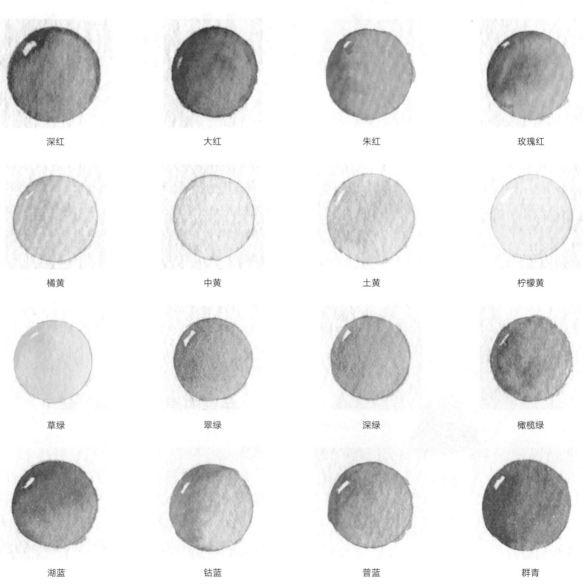

深红	大红	朱红	玫瑰红
橘黄	中黄	土黄	柠檬黄
草绿	翠绿	深绿	橄榄绿
湖蓝	钴蓝	普蓝	群青

16种常用色的色相

建筑美术基础水彩

2.2 色彩的三要素

1. 色相

色相指色彩的相貌，它是区分色彩的主要依据。事实上，任何黑白灰以外的颜色都有色相的属性，不同色相是由原色、间色和复色以不同比例调配出来的。

通过光谱三原色制作的12色相环，虽然只有12色，但对颜色进行不等量调配可以进一步调出24色、48色等，因此我们可以调配出无数颜色。但是在实际绘画中，我们不可能用太多的颜色，成熟的绘画者反而会限制自己的用色。

（1）互补色

互补色是指在12色相环上，成180°角的两个颜色。

互补色传达给观者的视觉效果：色彩对比达到最大程度，具有强烈的视觉冲击力，你中无我，我中无你，属于最强对比。而在美学色彩理论中，色相环是决定色彩分类的主要基础。绘画者调和颜料时，完全对立的色彩必定是互补色，其调和后会产生灰色。

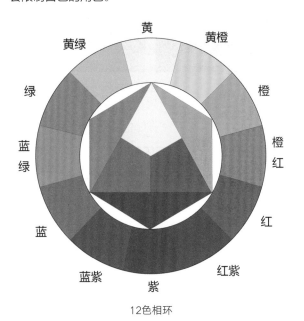

12色相环

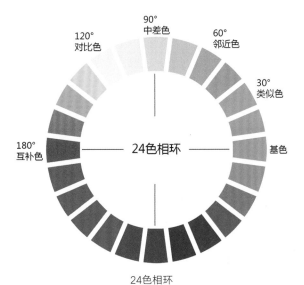

24色相环

绿与红互为互补色

黄与紫互为互补色

蓝与橙互为互补色

（2）对比色

对比色是指在12色相环上，成120°角左右的两个颜色。

对比色传达给观者的视觉效果：华丽饱满，欢乐活跃，兴奋激动，属于强对比效果。

红的对比色是黄和蓝

橙红的对比色是黄绿和蓝紫

黄橙的对比色是蓝绿和红紫

（3）邻近色

邻近色是指在24色相环上，相距60°范围之内的颜色。

邻近色传达给观者的视觉效果：色彩和谐，色彩过渡自然，你中有我，我中有你。

红色和橙色是邻近色

草绿和湖蓝是邻近色

群青和玫红是邻近色

（4）同类色

同类色是指在24色相环上，30°范围内的颜色。同类色的色相性质相同，但色度有深浅之分。

同类色传达给观者的视觉效果：对比柔和，清新自然，属于弱对比。

鲜黄与土黄是同类色

深红与浅红是同类色

深蓝与浅蓝是同类色

2. 明度

明度是指色彩的明暗深浅程度，呈黑、白、灰关系。明度变化涉及两个方面：一是不同色相存在的明度差别，如红、橙、黄、绿、青、蓝、紫中，紫的明度最低，黄色的明度最高；二是某一色相存在深浅差别，比如黄色中的柠檬黄、中黄、土黄，再比如红色中的朱红、大红、深红等。明度的强弱程度通常用高、中、低来表示，例如高明度、中明度、低明度。明度变化可以给人带来不同的视觉感受，如高明度的色彩会给人以明亮、清新、轻盈、活泼的感觉，而低明度的色彩则会给人以沉稳、安定、内敛、严肃的感觉。

3. 纯度

纯度是指色彩的饱和度和彩度，指色彩的鲜艳程度和纯净程度。颜色的纯度越高，颜色就越鲜艳、鲜明，而纯度越低，颜色就越灰暗、沉闷。颜色的纯度受到两个因素的影响：色相和混合。从色相环上看到的色彩都是纯度相对较高的颜色，但如果将某个颜色和它的互补色相调和，其颜色的纯度就会大大降低，调和的颜色种类越多，色彩的纯度就越低。

在颜色调和中，如果将红、黄、蓝三种原色相加，则会出现黑色或深灰色。

2.3 色彩冷暖对比

色彩可以分为冷色调和暖色调两大类，这种区分是相对的，因为冷色调和暖色调是相互对比的关系。例如：蓝色和绿色被认为是冷色调，因为它们给人一

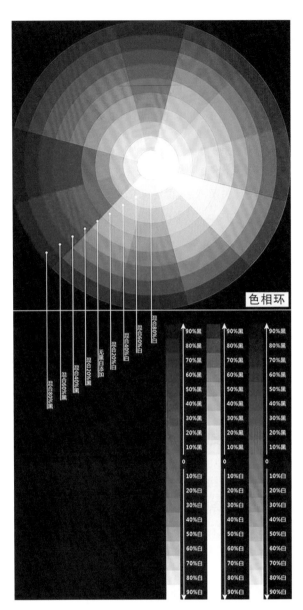

色彩明度色相环与明度表

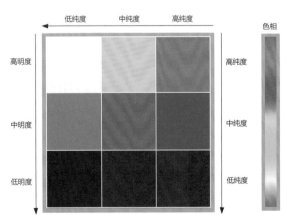

以红色为例的纯度与明度

种冷静、平和的感觉；而红色和黄色则被认为是暖色调，因为它们给人一种热情、充满活力的感觉。然而我们知道，实际上颜色本身并不具有冷暖之分，所谓冷暖是人们对颜色产生了不同的心理感觉和联想，从而将其归为冷色调或暖色调。

在水彩画中，利用色彩冷暖对比关系可以产生明暗分明的冷暖交错效果，增强画面的层次感和空间感。冷暖色彩的对比也可以创造出强烈的视觉冲击效果，使画面更加生动有趣。因此，水彩绘画者可以灵活运用色彩的冷暖对比关系，使画面更具表现力和艺术感染力。

在色相环中，从蓝色到紫色之间的颜色称为冷色。这类色彩使我们联想到海洋、天空、冰山等，产生寒冷的感觉以及宁静深远的心理感受。在水彩画创作中结合色调与画面，可以表现远景或者冷静的情绪，也可以称为冷调子。

在色相环中，从红色到黄色之间的颜色称为暖色。这类色彩使我们联想到阳光、火焰、热血等，产生温暖的感觉以及热烈、活跃、向上的心理感受。在水彩画创作中结合色调与画面，可以表现近景或者热烈的情绪，可以称为暖调子。

2.4 明度对比

对应我们绘画中经常讲到"黑、白、灰"的关系，就是经过概括和提炼的明度关系。如果结合色调，就是整个画面的色彩倾向，可分为亮调子（雪景、晴天、强光下）、中调子（多云、平光）、暗调子（夜景、阴天、逆光）等。

2.5 影响色彩变化的因素

为了更清晰地显示出物体表面的色彩变化规律，我们可以将影响色彩变化的因素概括为光源色、固有色和环境色。

这三种因素相互影响、相互作用，形成了我们所看到的颜色，决定着画面的色调。

将一个红色的球放在一个蓝色的台面上，同时受到白光的照射。在这个场景中，三个因素对颜色的影响如下：

光源色： 白光的照射会让球体的高光部分变成白色，这是因为白光包含了所有颜色的光线，将球体的颜色完全覆盖。

固有色： 球体的固有颜色是红色，但受到白光的影响，球体的颜色变得略微偏向冷红色。

环境色：蓝色的台面会反射出蓝色的光线，影响到球体的投影部分。在这个场景中，球体的投影部分呈现出蓝灰色并带有绿色的成分，而球体的反光部分则呈现出紫红色。

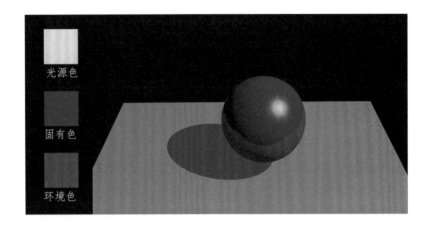

　　将场景中的白光改成黄光照射。可以观察到：球体高光部分呈现出黄色调，球体整体颜色转变为朱红色；蓝色台面变为绿色，球体的投影呈现出蓝灰色，其中包含紫色的成分；球体的反光部分也变成了紫红色。

　　通过两个场景的对比，当光源的颜色改变时，物体表面的色彩变化会受到光源色、固有色和环境色的影响。这很好地说明了三者对色彩的影响。

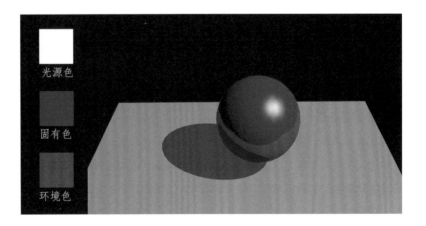

1. 光源色

　　在色彩写生中，光源色是指照射到物体表面的光线的颜色。物体的固有色在不同光源色的影响下，其色调会发生不同的变化。例如，我们平时所见的日光呈白色调，而早晨或傍晚所见的日光的颜色呈暖色调，阴雨天的日光则呈冷色调。因此，什么样的光源照射到物体上，物体就会笼罩什么样的色调。

2. 固有色

固有色指的是物体本身具有的颜色，是物体在白光下直观表现出来的主导颜色。在色彩写生中，我们通常以物体表面的颜色作为习惯的认知，比如蓝天、白云、绿树、红墙等。固有色的颜色千差万别，在光源色和环境色的共同影响下，会产生更加丰富的色彩变化。

3. 环境色

在色彩写生中，环境色是指物体所处的环境对其颜色产生反射影响的色彩。环境色也称为条件色。环境色（如物体周围的颜色、光线和反射物等）会影响物体表面的颜色表现。例如，一个红色的苹果在充满绿色植物的环境中，可能会呈现出更亮的红色，而在灰色混沌的天空下，苹果的红色可能会变得更暗淡。"近朱者赤，近墨者黑"，环境色会对物体的色彩产生显著的影响。

2.6 色彩的观察方法

1. 整体观察

整体观察是指在进行色彩写生时，要全面、整体地观察被描绘的客观物象。不能仅仅关注局部，而忽略整体。同时，要注意光源色和环境色对物体固有色的影响。在自然界中，物体并不是单独存在的，其色彩也不是孤立的，而是相互联系的。因此，在处理局部和整体的关系时，每一局部的色彩都应当服从整体的色彩关系，始终保持"看关系""画关系"的方法，不断地加强整体空间意识。

2. 比较观察

比较观察是在整体观察的基础上更深入的观察方式，需要准确地找到物体之间的色彩关系。要做到这一点，我们需要不断地进行比较观察，不能孤立地看色彩，也不能只一对一地画物体。比较观察的方式包括比较色调、比较明度、比较冷暖、比较色相等方面，只有通过多方面比较，才能准确地进行绘画。

3. 色彩混合原理

当两种或多种颜色在一定的视觉空间中并置或穿插在一起时，它们会在人眼中产生混合的效果。这是因为视网膜中的视锥细胞对光线的接收是同时进行的，而不是分开进行的。当我们看到两个并置的颜色时，大脑会自动将这些颜色的信号混合起来，产生一种新的中间色。例如，在左边是

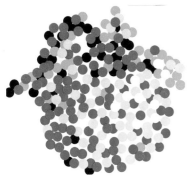

关于橙子的空间色彩混合

黄色、右边是红色的情况下，大脑会自动将这两种颜色混合为橙色。这种现象被称为"色彩混合"。

空间混合的产生须具备以下条件：

（1）对比各方的色彩比较鲜艳，对比较强烈。

（2）色彩的面积较小，形态为小色点、小色块、细色线等，并成密集状。

（3）色彩的位置关系为并置、穿插、交叉等。

（4）有相当的视觉空间距离。

4. 色彩情感

认识色彩的过程不仅涉及客观方面，还有主观方面，即与视觉心理基础理论相关的知识。色彩本身只是一种物理现象，没有情感属性。人类之所以能够感知色彩的情感属性，是因为长期生活在一个充满色彩的环境中，从而形成了与色彩相关的情感联想，并在大脑中引发情绪。在色彩情感表现方面：色相决定了情感的基调；明度决定了情感的强度；纯度则决定了态度，即纯度越高，态度越积极，纯度越低，态度越消极。因此，在绘画中，需要注意色相、明度和纯度的搭配和运用，才能准确地表达出所要表达的情感。

红色：热情、活力、危险

橙色：温暖、欢喜、嫉妒

黄色：光明、希望、快活

绿色：和平、安全、新鲜

蓝色：平静、悠久、理智

3

静物水彩技法

　　静物画是一种绘画体裁，以静止不动的物体为描绘对象。欧洲学院派将绘画体裁分为了五个等级，按重要性排序为历史绘画、肖像画、风俗画、风景画和静物画。静物画作为入门级训练，所画静物通常有果蔬、布匹、器皿等，这些静物按主题布置。初学者练习写生时，要从单个静物开始，布置光源要稳定、位置要固定。选择的单个静物形态要特征明显，色彩明确，易于观察、分析和描绘。接着可以逐渐向两个、三个、多个静物的组合练习过渡，以提高技巧。

3.1　苹果的画法步骤示范

　　苹果的造型看似简单，但实际上有着很多细节，让它成为了艺术中的重要元素。塞尚（Cézanne）通过绘制苹果，成为了现代绘画之父，他将这个物体作为探索色彩和形态的主要对象。超现实主义大师玛格利特（Magritte）也画过苹果，并将它作为自己的艺术标志和符号。苹果的形态不是单纯的圆球体，其上大下小，纵截面为梯形，圆中喻方，变化微妙，充满张力。此外，苹果还有凹陷的果窝和长出的果蒂，凹凸有致，平中见奇。色彩上，苹果也有黄、绿、红、紫等自然丰富的变化，每个苹果都有独特的色彩组合，让人不会厌倦。

分析：在描绘红苹果时，初学者需要主客观结合判断，并要运用肯定、果断的笔触。根据色相环的推导，白衬布上的红苹果的颜色会向暖处发展变化为含橙色的朱红色，向冷处发展变化为含蓝色的玫红色。苹果亮部的颜色受光源影响，明暗交界线颜色一般为固有色红色，暗部颜色含有补色绿色，反光部分颜色受白衬布反射影响表现为冷灰色加一点点补色绿色。红苹果的亮部周围要出现红的对比色绿色以强调红色。同时，在绘画中要注意靠近苹果的衬布也会受到苹果的反射影响，这是因为颜色的相互影响不仅仅存在于物体本身，还存在于物体周围的环境中。因此，在进行绘画之前，需要进行充分的分析和思考，以便更准确地表现出画面的效果。以上是绘制白衬布上的红苹果的一些基础知识和技巧。

（1）在起稿时，可以使用2B铅笔，因为太硬的铅笔会划伤纸张，而太软的铅笔则容易弄脏纸张。需要仔细观察，特别是初学者要更加细致和明确地画出轮廓线、明暗交界线、高光、影子等位置大小。这样在上色时就不必担心苹果各部位的造型问题，只需考虑色彩关系，减小压力，笔触也会变得从容自如。如果犹豫不决地反复修改，则有可能导致画面变得脏乱不堪。以上是起稿时需要注意的一些技巧和细节，它们对于绘画的成功非常重要。

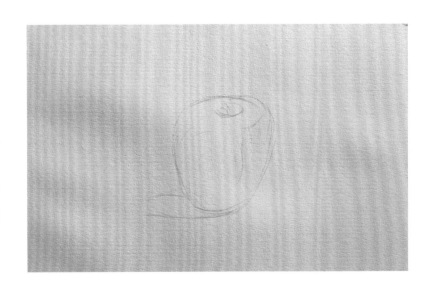

（2）水彩颜料的透明性较强，遮盖力较弱，浅颜色无法覆盖深颜色，这也导致颜色容易层层加深，但却很难提亮。因此，水彩画一般从亮部开始作画，以便更好地掌握颜色的变化和层次。在创作中，需要预先用干净的板刷或大笔先刷一遍清水来处理暗部与影子之间虚的地方，等画纸吸收了水分后再涂上颜色。水彩画的主要媒介是水，因此干湿变化时机尤为重要。调色时可以先在调色板上，用中号笔调一个中间色即固有色做基础，如使用大红色。为保证水彩画的透明特征，通常不加白粉色，而是通过水分的多少来调节颜色的深浅。高光需要留白处理，第一笔水彩颜料应该水分多一些，这样会使颜色浅一些，更好地表现出亮部颜色的造型。

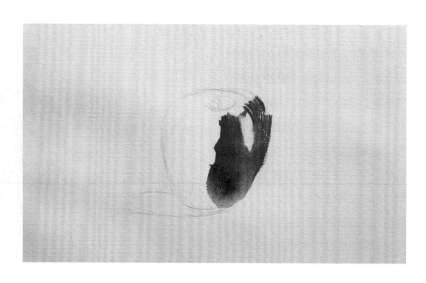

（3）红苹果的表面有光亮的蜡质层，因此其高光非常亮，并且周围的颜色比较重。根据素描中的明暗对比关系，苹果上部的颜色也比下部稍微重一些，因此在调和色时，需要稍微提高颜料的浓度，减少水分的使用。接着画下一笔时，颜色变化会更重一些，这时可以加入一点群青来调整深红色。同时，需要注意不要反复用笔描摹，而是采用摆笔触的方式进行绘画，以达到更自然、流畅的效果。每一笔颜色都需要湿接，即在上一笔颜色还未完全干燥时，用同等浓度的颜色紧挨着上一笔的边缘进行涂抹，使水彩颜色自然融合，形成柔和的过渡效果。

建筑美术基础水彩

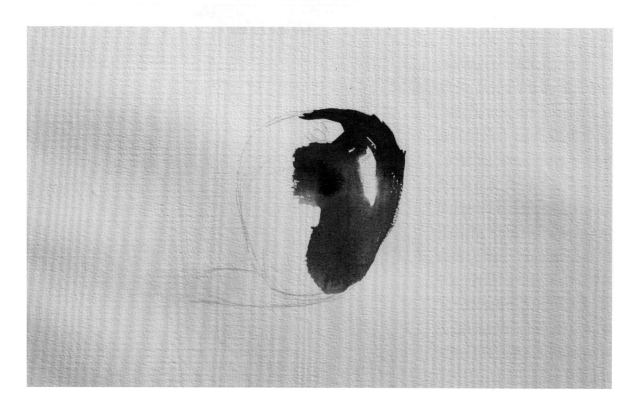

（4）接下来是绘制靠近明暗交界线与亮部之间的颜色。由于受到光源和环境影响较小，这些位置的颜色一般为物体固有色，且颜色稍微纯一些，比亮部要略浓重。在涂抹颜色时，需要根据颜色变化和画面的整体效果进行调节，以确保画面的平衡和协调。此外，还需要注意使用适合的笔触和压力来表现出物体表面的肌理。

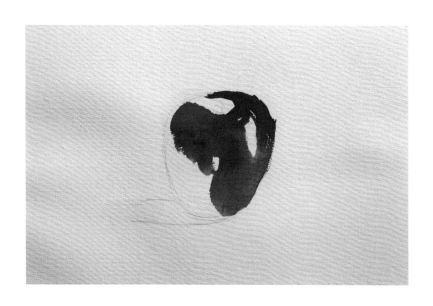

（5）暗部的颜色受环境的影响，因此我们需要通过调色来补偿。我们可以向暗部加入一些补色（比如深绿色）来调整红色的色调。此外，要注意水的用量，我们需要控制一下，以便使颜色浓度略大一些。为了让暗部色彩与亮部色彩有所区别，我们需要注意冷暖色调的变化。由于衬布反光，暗部颜色比亮部颜色更暖、更浅。此外，我们还需要注意画出苹果窝的形状，这需要一些技巧和细心。苹果窝的亮部应该比苹果的亮部更暖，其暗部的颜色可以通过加入群青色来调整。

（6）在画苹果时，需要特别注意苹果的底部，要用较重的笔触加深画面，这样才能形成凸出的效果。同时，在靠上的部分可以加入群青色，靠下的部分则可以加入普兰色，这样才能使空间感更加明显。在这个过程中，需要控制好湿度，保持良好的衔接过渡。另外，当画新鲜水果时，需要注意颜色的选择。赭石、熟褐等颜色容易显得

样会导致观察颜色不够客观，难以捕捉到色彩倾向。在这种情况下，我们需要肯定自己的直觉，不要纠结对错，因为颜色往往是主观的。我们可以参考"色轮"上的逻辑关系来推断颜色，以此来进行理性判断和调整。

（8）在画完苹果的基本色彩之后，需要等待画面略干一些，然后使用纸巾或海绵吸去笔上的多余水分，在苹果柄等处加上细节的描绘。在这个过程中，控制调和水分的多少以及画面的干湿程度非常关键，因为水彩画的质感和效果很大程度上取决于这两个因素。练习是提高技巧和掌握规律的最佳方法，因此我们需要多加练习，总结经验和规律，从而提高我们的绘画技巧和创作水平。

脏灰，所以在使用这些颜色时需要控制得当。如果不确定，可以尝试用一些更明亮的颜色来代替，以突出水果的清新感。

（7）在绘制投影时，需要注意颜色的选择和绘画技巧。我们可以趁湿的时候将投影和暗部连起来画，以便更好地表现它们之间的虚实关系。此外，投影的颜色应该和暗部颜色保持一致，这种颜色很微妙，通常是一种冷灰色。如果需要调整，我们可以尝试加入补色绿色来调整色调。初学者在画投影时常常会感到困惑，因为想要把画面画得非常清晰，就努力地看这些部位，往往形成很孤立的观察，但这

3.2 橘子的画法步骤示范

白布上带叶的丑橘，相比苹果，其颜色更为复杂。因为它不仅有果实，还有叶子和枝干。叶子的颜色是绿色系，而枝干的颜色则是棕色系，这些颜色要在整个画面中调和好，形成整体的色彩协调。

分析：通过色相环可以得知橙色向冷色变化是黄色，向暖色变化是朱红色，其对比色为蓝色系，互补色为紫色。橘子的固有色主要是橙红色，通常出现在明暗交界线附近。亮部颜色受光源的影响，因此要将橘黄调亮一些，再向颜料中加入一些水使颜色变浅。在调整橘子的颜色时，要考虑到其光泽度。橘子的表面光滑光亮，因此需要在调色的基础上再加一些明度和饱和度，让其看起来更加真实。暗部的颜色相对比较含蓄，由物体的补色紫色组成，反光部分则受到白衬布的反射影响比较大，投影颜色一般为白衬布的暗部颜色冷灰色再加入一点点补色紫色。由于光源色是天光，亮部偏冷，所以投影颜色要偏暖。橘子亮部周围会出现对比色紫红，这主要是为了突出橘子亮部的鲜艳，靠近橘子的白布同样会受到反射影响偏暖红色。

（1）用铅笔起稿的过程包括了绘制的各个要素。首先，需要绘制物体的轮廓线，以便确定物体的形状和大小。接下来需要绘制明暗交界线，这是物体表面明暗变化的分界线。在绘制中，还需要注意物体表面的高光和阴影的细节，以便刻画物体的光影效果。此外，还需要绘制物体的叶子、果柄、果枝等细节部分，以及周围的小隆起形状，以确保绘制的物体完整、逼真。

建筑美术基础水彩

（2）在画橘子的暗部、影子以及需要虚的部分之前，需要先刷一遍清水，并等待一段时间，直到纸张稍微吸收了水分，再开始作画。用大笔先调出一个中间色的橘黄色，作为基础色。从橘子的亮部开始，第一笔色的颜料中水要多一些。因为橘子的高光不像苹果那样光滑明亮，需要提前刷上清水，这样再画上去时颜色会扩散，高光看起来就比较柔和。在调色的过程中，再添加一点点佩恩灰色，顺着投影的方向给投影部分画上一笔，使画面更加稳定。

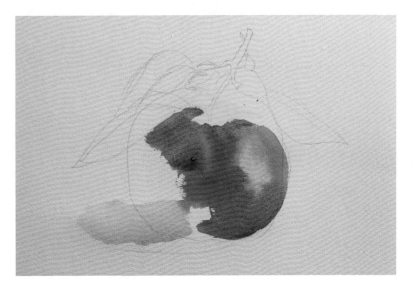

（3）接下来要画明暗交界线，颜色应该稍微重一些，可以调整橘黄色的浓度稍微高一点。在靠近影子的位置，由于影子的水分多未干，所以会扩散过去。利用颜色互相渗透的效果，可以表达出虚的效果。

（4）在暗部的绘制过程中，需要在橘红色的基础上适当调入一些补色紫色和绿色，这样可以让暗部的颜色显得更暗深一些。在靠近投影的地方，需要稍微调浅一些颜色，可以采用橘黄色并加入少量紫色的组合来绘制。

（5）由于上部分区域有叶子掩映，因此需要添加一些绿色和绿色的补色红色来表现出叶子的影响。具体来说，这里使用了一种混合颜色，即将橘黄色、绿色和红色混合在一起，从而表现出上部分区域的明暗和颜色。这种处理方式有助于提高画面的层次感和细节表现。

（6）使用中号笔绘制叶子，叶子的光面使用黄绿色，需要用轻盈的笔触，每笔绘制一个面，使其颜色浓度均匀。然后点进去一些环境色，如橘黄色和橘红色。

（7）用小号的画笔把橘子的枝柄画出来，颜色使用绿色和普兰色混合，注意要稍微有颜色的变化，让画面更加丰富。在湿润的状态下，可以点上一点熟褐色，来表现出枝柄表面的一些细节纹理。

（8）在描绘过程中，需要分开处理叶子的明暗面，将叶子暗部的颜色中加入群青色。同时，趁着橘子的投影颜色与橘子的暗部颜色未干，混合群青色、熟褐色、紫色和水来画出影子，而橘子暗部则使用了橙色、朱红和紫色。这样可以表现出冷暖关系，调整明暗画面关系。

建筑美术基础水彩

（9）首先，要用群青色、熟褐色、绿色、紫色和水调出一个暗一些的颜色，然后在橘子的色斑上点上这种颜色，这样可以使画面更加真实。接着，需要调整一些局部细节和整体的关系，这样画面才能够达到一个完美的平衡。最后，要注意整体节奏的把握，虚实得当，不要过于堆砌细节。无论是画单个静物还是一组静物，无论其复杂与否，都要追求画面整体效果的完美。

3.3　梨的画法步骤示范

　　分析：在白色布料上画的两个小香梨，它们在颜色上有一些差异。绿色在"色相环"上的变化，向暖色调变化是含黄的黄绿色，向冷色调变化是含蓝的青绿色。第一个香梨的亮面色较亮、较冷，偏向草绿色；第二个香梨的亮面色较暗、较暖，偏向橄榄绿色。每个香梨的亮部颜色都受光源颜色的影响，颜色浅且偏暖，明暗交界线靠近亮部位置一般受外界影响较小，基本为固有色。暗部位置比较模糊、含蓄，含有物体的补色红色，同时也受到环境色的影响。投影的颜色一般是白色布料的暗部颜色冷灰色加一点点补色，如果光源色调暖，那么投影要偏冷一些，有一些蓝色成分，具体用色主观决定。主体物周围的亮部也要出现其对比色，主要是为了突出主体物，同样靠近主体物的白色布料，也要受到主体物的反射影响。具体画的时候，第一个梨子的立体感强一些，第二个梨子的立体感稍微弱一些，更平面一些。总之，细节不是重点，整体节奏把握好、虚实得当才是关键。

建筑美术基础水彩

（1）在开始画色彩之前，通常需要先用铅笔轻轻地进行起稿，主要包括物体的轮廓线、明暗交界线、高光、影子以及果柄等细节。起稿需要充分细致，这样在后续的色彩处理过程中就会更容易掌握虚实的取舍关系。铅笔稿可以为后续的画作提供指导和基础，同时也可以帮助绘画者更好地理解物体的形态和构造，以及物体与周围环境的关系。

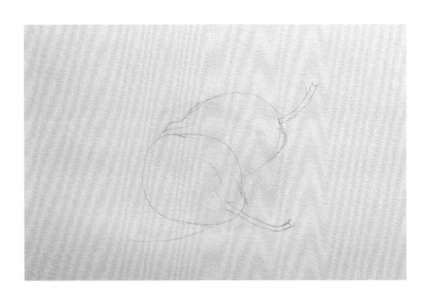

（2）这次的绘画材料是封胶纯棉浆国产水彩本，为了避免画面高低不平的积色，使用了干画法，控制了水分的使用量。在开始绘制第一个梨子的亮部时，第一笔颜料采用绿色、橘黄色、水的组合，第二笔颜料采用绿色、黄色、水的组合，然后继续画下去，通过笔触和颜色的湿接与融合来达到渐变的效果。

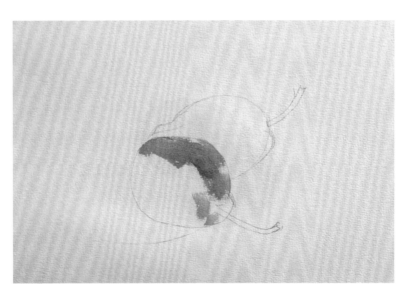

（3）在画明暗交界线时，要稍微暗一些，并使暗部暖一些。在画亮部时，要用绿色、黄色来表现，而在画暗部时则用绿色、紫色，并让它稍微亮一些表示反光，从而增强物体的体积感。此外，为了使颜料更自然地散开和形成反光效果，可以提前用清水润一下画纸。这样，在画上颜色时，颜色就会浅一些，并且形成的反光效果也更加自然。

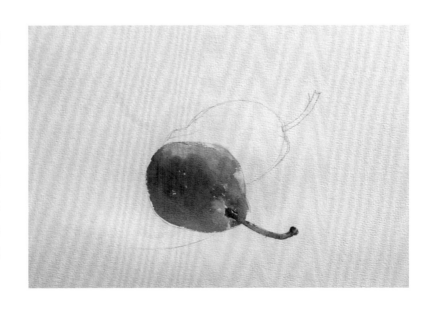

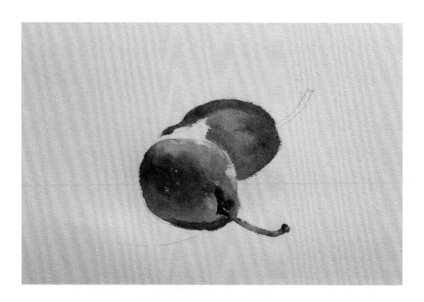

（4）在画完前面的梨子后，接着画后面的梨子。后面的梨子不需要过于强调体积感，稍微平面一些以增强前后的对比效果。由于后面的梨子是暖色调，所以需要加入朱红色来调整颜色，只要颜色关系正确即可。如果混合颜色过多，颜色会变暗、偏灰、偏暖。

（5）将后面梨子的暗色部分调制成普兰色，然后使用它来衬托前面梨子的亮部和轮廓，使其更加突出。通过使用不同的颜色和色调，可以增强画面的对比度和立体感，使整幅画更加生动和有趣。

（6）在画面干燥之后，需要重新润湿影子和暗部的位置，然后开始画上影子的颜色，使用基础色绿色和佩恩灰色混合，最后再画出梨柄。可以趁着还湿润的状态在果柄上点上熟褐色和群青色等暗色，以此来展现色彩的自然变化。

建筑美术基础水彩

（7）在画面干燥后，需要用清水湿润一下画中梨子的暗部边缘。接着，使用少量熟褐色、群青色调和出淡淡的灰色，来画出暗部的投影，形成前实后虚的效果，最后调整整体画面的效果。

3.4 水果小品的练习

1. 桂圆

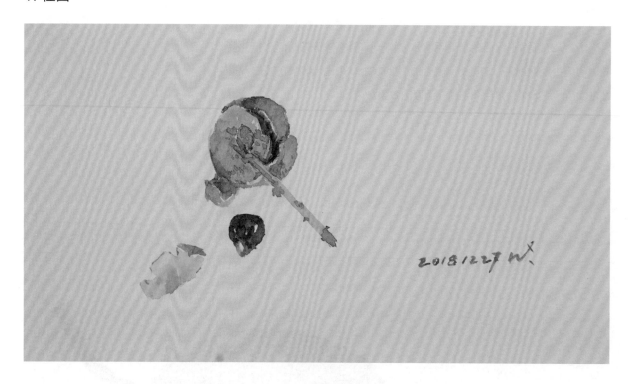

建筑美术基础水彩

2. 三个桂圆

3. 橘子瓣

4. 香梨

③ 静物水彩技法

5. 咬了的香梨

建筑美术基础水彩

6. 梨核儿

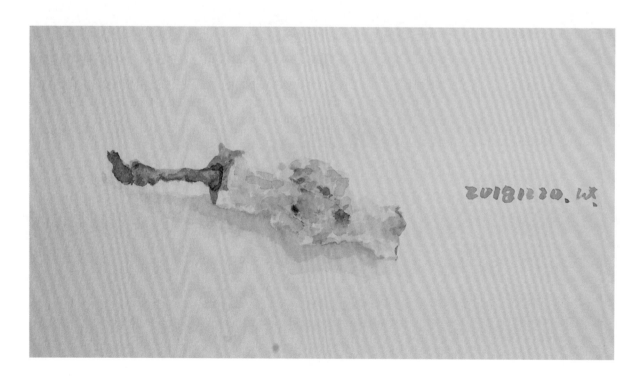

7. 两个柠檬

8. 切开的柠檬

9. 沙糖橘

建筑美术基础水彩

10. 山竹

11. 打开的山竹

12. 香蕉

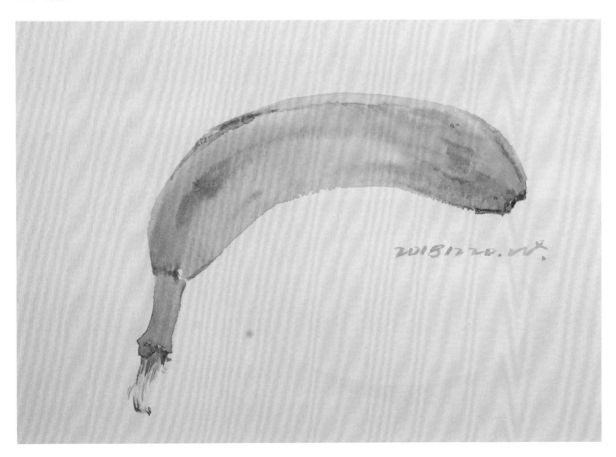

3.5　盘子的画法步骤示范

　　分析：冷暖都是对比存在的，由于光源为北窗的天光，所以受光部分是冷色调，背光部分则是暖色调。画中的白盘子和白色衬布，需要注意素描关系的表现，灰色层次里的微小变化比较微妙，因此不能过于简单地使用黑白灰，也不能让色彩变得杂乱无章。需要在画面中把握好冷暖色调的变化，使得整个画面更加自然和协调。

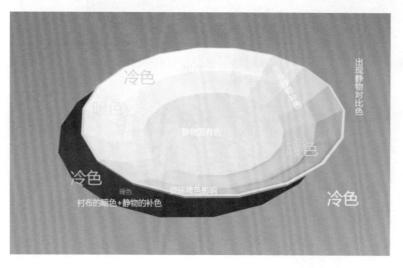

（1）白盘子放在白色布上，呈现出白色阶的变化，重点在于明暗虚实的区分。可以用铅笔轻轻地起稿，包括轮廓线、明暗交界线、盘子的厚度、高光和影子等要素。在画明暗虚实关系时，需要注意光源和影子的位置和强度。在润色时，可以采用渐变的灰色调来描绘盘子的明暗层次。

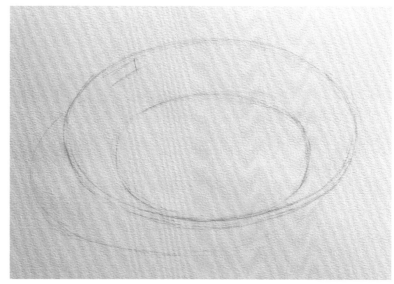

（2）在画白盘子的影子时，需要用清水涂在影子的部位上，易于表现影子的虚实关系。待水稍微被画纸吸收后，调制一个浅冷灰基色。这里使用了少量群青色和熟褐色，加大量水调出一个浅浅的蓝灰色。然后用大号平头笔，从亮部开始绘画。

（3）在画面中需要注意冷暖色调的对比变化，特别是在暗部，为了使灰基色更加丰富，可根据需要适当地调节色彩，如加入橘红色来增加暖感，或加入群青色、湖蓝色等来增加冷感。在画面中大胆地涂抹浅色，并不必过于担心颜色的准确性，只要画面保持湿润的状态，就可以随时进行调整。

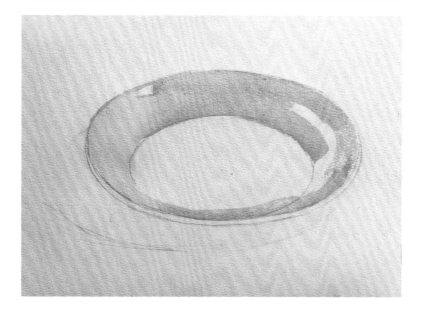

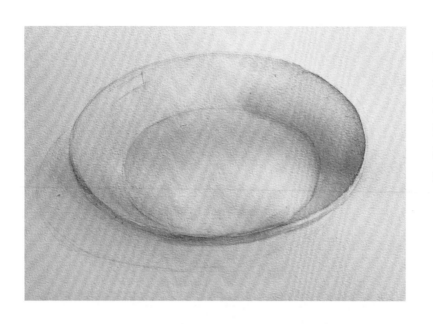

（4）在上色的过程中，要将画面浅色区铺满。保持画面湿润是非常重要的，这样可以让颜色更容易混合和调整。即使颜色不完全准确，也不必担心，因为只要画面保持湿润，随时可以进行改动和调整。

（5）影子是画面中非常重要的一部分，它可以增强物体的立体感和空间感。在绘制影子时，利用群青色、熟褐色和水混合的颜料，加重盘子的影子部分。不要忘了，将盘子的厚度留出来。通过适当的颜色和层次感，可以使盘子看起来更加自然而且具有立体感。

建筑美术基础水彩

（6）在完成大部分画面后，可以趁着湿润的状态，对画面中的关系进行调整。这包括虚实的衬托和冷暖色调的对比。通过合理的关系调整，可以使画面的整体效果更加和谐，形成冷暖互相衬托的效果，增强画面的艺术感和视觉效果。

3.6 玻璃杯的画法步骤示范

分析：透明玻璃杯的绘制不需要过多考虑色彩变化，主要在于描绘高光和反光。高光和反光之间要有明显的区别，同时注意不要过于生硬。透明玻璃会透出衬布或后面物体的颜色，因此颜色要比基础色稍暗。

建筑美术基础水彩

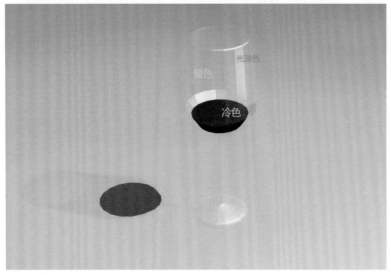

（1）在开始画透明玻璃杯之前，需要先用铅笔轻
轻地起稿，勾勒出杯子的轮廓线、明暗交界线以及高光
的位置。同时，需要注意杯中酒水的位置和透视关系，
以及环境中的折射关系。这些都是画透明物体需要考虑
的因素，能够帮助描绘出更加逼真的效果。

（2）为了表现杯子的暗部、影子和光亮部分的质
感，需要在这些区域涂上一层清水。待水稍微被纸张吸
收后，调配一种浅灰色，可以通过三种方法获得：一是
混合调色板上的剩余颜色；二是混合群青色和熟褐色；
三是混合少量佩恩灰和少量其他颜色。然后用大胆的笔
触从亮部开始涂抹。

（3）在调色时，混合茜草红、玫瑰红和群青色来画葡萄酒。在画浅色时，需要加入较多的茜草红，而在画深色时则需要加入较多的群青色。要注意将酒的液面画出来，使其看起来更加逼真。

（4）在画完杯子的上半部分后，需要调和深一点的灰色，然后使用小号干笔细致地勾画出杯壁的厚度，这样可以更好地表现出玻璃的特征。

建筑美术基础水彩

（5）接下来需要画杯子的脚，要注意把长柄上的折射也画出来，
要抓住特征，不需要过多描绘，整体画面的协调是最重要的。

3.7 单体静物练习

1. 柴烧杯

2. 持戒杯

3. 裂纹茶杯

4. 荷花杯

5. 鱼戏杯

建筑美术基础水彩

6. 小茶杯

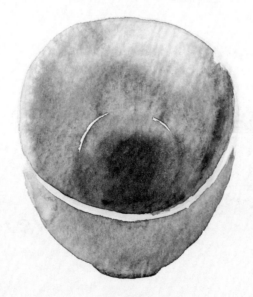

7. 茶具

2018 12 12
W.

8. 公道杯

2018 12 12.
W.

9. 茶派

建筑美术基础水彩

10. 小洋酒瓶

11. 卷纸

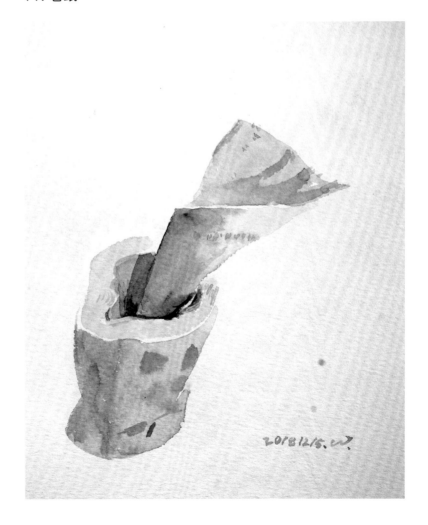

12. 颜料锡管

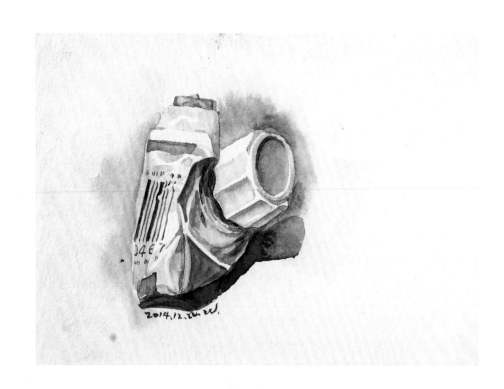

13. 小雏菊

建筑美术基础水彩

3.8 一盘水果的画法步骤示范

分析：当光线照射到水果上时，它会反射到白色盘子上，因此白色盘子上的色彩变化就比较明显了，这是环境色的影响。例如，黄梨上会受到橘子的反射，出现橘红色；而红色苹果之间也会有区别，前面的呈现冷色调，后面的呈现暖色调。

（1）在开始绘画之前，首先需要用铅笔轻轻地、细致地进行起稿，包括绘制水果和盘子的轮廓线等。起稿时需要准确把握比例，确保绘制出来的画面符合真实物体的形状和大小。这一步的重要性在于为后续的细节描绘奠定基础，为画面的整体效果打下基础。

（2）为了画出自然逼真的效果，画面虚的地方都需要先刷一遍清水。等水稍微被画纸吸收后，从亮部开始画。要注意自然界的苹果不只是一种颜色，而是包含红色和黄色的变化，因此应先画较浅的黄色，再上较重的红色，用笔果断，颜色变化需要用湿接的技法。

建筑美术基础水彩

（3）在画水果时，调颜色可以相对纯一些。亮部可以使用黄色和茜草红，明暗交界线可以加入朱红色，暗部可以加入深红色和少量普兰色。所有画上去的颜色都要使用湿接技法，使颜色自然融合。

（4）画左下角的苹果时，先用黄色画出亮部，然后在黄色基色中加入一点绿色和红色，继续画亮部，接着在这个基础上加入一点儿大红色，画出苹果的右半边。

（5）可以用朱红色、玫瑰红色和群青色调和，画出下半部分的颜色，注意要画出影子和底部，最后再调进少量普兰色。在画的时候要趁湿用笔果断地进行描绘。

（6）开始画橘子时，可以先用橘黄色作为基色，然后在其基础上加入一些橘红色来画暗部，让画面更加立体。接着要注意橘子所处环境的影响，可以趁湿加入一些环境色。对于橘子的暗色部分，可以使用橘红色、红色和普兰色混合而成的颜色。

（7）在画后面的梨子时，需要在绿色的基础上适当加入少量的红色和黄色，使颜色相对降低纯度。这样做不仅能够表现出物体间的明暗关系，还能够增强画面中的纯度与灰度的对比，使画面更加生动。

（8）后面的橘子的颜色是灰暗的，可以用橘红色调制成熟褐色。在画的过程中，要注意苹果在橘子上产生的阴影，可以加入紫色调出阴影的颜色。

建筑美术基础水彩

（9）为画中的盘子上色时，需要调出一个基础灰色。具体来说，将少量群青色和少量熟褐色混合在一起，再添加大量水来稀释。这样可以得到一个基础灰色，并在此基础上进行后续的上色。

（10）在画盘子时，可以在调制颜料时加入一些水，使颜料呈现较淡的颜色。在涂抹时应先涂抹颜色较淡的部分，然后再上深色。当涂抹到盘子的阴影部分时，应用纸巾吸取笔尖多余的水分，使颜料浓度变高，以确保阴影部分的深浅与整个画面的协调一致。这样画上去的颜色也不会因水分蒸发而变浅或在笔触的边缘形成硬边。

（11）在画盘子的影子之后，可以再调一些绿色加入，用湿润的笔刷将下面的影子位置也涂上。在画的过程中，需要留出盘子边缘的宽度，以显示其厚度。这样就完成了整幅画的绘制。

3.9 有罐子的静物组合的画法步骤示范

分析：由于之前进行了单体练习，这组静物关系稍微复杂，包含了多个单体组合而成的复杂物体。画面中有两块衬布，其中一块是深绿灰色，另一块则是浅土红色，光源来自北面窗户的天光，整体呈现前冷后暖的特点。深绿灰色衬布上的颜色较为复杂，冷色调主要由黄绿色和蓝绿色构成，而暖色调则是紫绿色。浅土红色衬布则包括冷色调的茜草红色调和暖色调的朱红色。在绘画过程中，需要注意光源的影响以及不同颜色之间的相互作用，以准确地表现出物体的色彩和光影效果。以上是绘制这组静物所需的基本颜色和色调知识。

（1）在绘制前，首先需要用铅笔轻轻地起稿。这个起稿包括物体的轮廓线、明暗交界线、高光以及每条布纹的基本形状。对于每条布纹的形状，可以用几何体的方法去分析，将其概括成圆柱、圆锥等基本形状。这样做可以更好地把握整个物体的结构和构成，为后续的上色和表现打下基础。

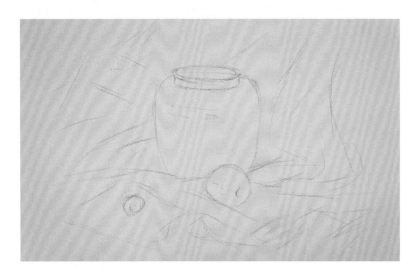

（2）在开始作画的时候，不要匆忙下笔，先仔细观察物体的形态和纹理，并预想出画面中虚实的效果。在需要表现画面虚的地方，先用刷子轻轻地刷上一层清水，以便更好地控制颜料的流动和延展，使颜料更加均匀地涂抹在画布上，使画面更加自然、流畅。此外，在绘画过程中，需要注意保持手的稳定，避免出现抖动或失误，以确保画面的准确性和质量。

（3）首先从主体物罐子开始画，可以用大笔先画出罐子的亮部，这里可以使用土黄色、茜草红色、赭石色等颜色，稍微加点暖色调，用笔要果断，同时要留出高光的位置。接着画暗部，可以使用刚才的基色调进玫瑰红色和群青色，使颜色稍微冷一些，采用湿接法来绘画。在绘画时，由于提前刷了水，所以当画到坛子暗部时，颜色会渗透到罐子的外部，使形体暗部边缘变得模糊，进而达到虚实效果。

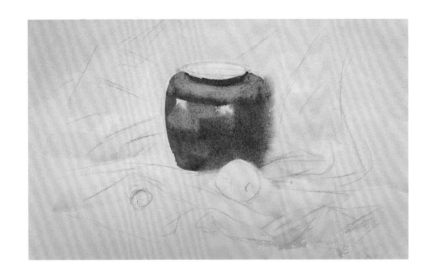

（4）趁着画面还湿润的时候，继续处理后面的衬布。为了让画面看起来更加含蓄丰富，衬布的颜色不需要太过鲜艳，宜选择一些灰暗色调，以增加画面的深度感。对于绿色衬布的亮部，可以使用橄榄绿色、群青色和佩恩灰色混合，暗部则可以在这个基础上加入群青色和普兰色，以展现出布料的折痕。这些细节属于画面的后方，需

要进行虚处理。对于浅土红色的衬布，需要加入一些暖色调，亮部可以使用朱红色、赭石色和绿色，暗部可以加入熟褐色和群青色来调和。

（5）在画面的前景中，要着重描绘罐子前面的布料。靠近罐子的衬布位置，需要用橘黄色多一些，呈现出暖色调，而往前推远的布料则需要冷一些，调用玫瑰红色或茜草红色多一些，表现出冷色调。通过这样的色调处理，可以更好地营造出画面的深度和立体感。

建筑美术基础水彩

（6）画水果时，亮部要留出空白，用中黄色加水的方法表现出来，而暗部可以调一些紫色来加深颜色。注意将暗部与光线交界处的明暗变化处理好，画明暗交界线位置时颜料中的水分要少些。此时，要将果子的影子趁湿衔接画好，可以使用天蓝色和大红色调配而成的颜色。

（7）在画出果子之后，需要再次回到罐子上，对颜色进行调整和修正。此时罐子的颜色可能显得过于苍白，因此需要重新叠加一遍颜色，增强其色彩的鲜明度和立体感，使其更符合实际物体的色彩。

（8）在画完梨子后，使用纸巾轻轻擦拭梨子的反光部分，使颜色变得柔和。接着，需要更加深入地刻画前面的布褶，增加虚实对比

的强度，并通过加深暗部、调整色彩来将前景与后面的空间分隔开来。画面中不可避免地会出现一些不协调的问题，这时候画面可能会因为干湿不均而难以调整。等画面干燥后，需要调整颜色过重的地方。首先用清水洗净，再用纸巾吸干，然后重新画。如果需要加重某些部位，可以先在该位置涂上清水，等水分被吸收后再叠加颜色。

每画完一幅作品，总结经验教训非常重要，因为这样可以帮助绘画者在下一次创作中取得更大的进步。通过反思绘画过程和结果，绘画者可以发现自己做得好的地方，也可以找到需要改进的地方。这些经验教训可以包括画笔技巧、色彩运用、构图和比例等方面的问题。通过总结，绘画者可以为完成下一次作品制定一个更好的计划，并避免以前犯过的错误。同时，总结也可以帮助绘画者提高自己的艺术观察力和技能。

3.10　玻璃盏与水果的画法步骤示范

分析：这组静物是由暖赭色衬布、中黄色衬布、橘子、绿苹果、绿梨和紫红色小果组成的。整幅作品的主题色调为暖色调，这让绘画者可以在同类色的范围内进行练习，掌握同类色的搭配和配比技巧，同时也能够增加绘画者对色彩的理解和感觉。此外，在这幅作品中还有关于表达玻璃在周围环境中的质感效果的练习，这需要绘画者对光影和反射的表现有更深入的理解，以表现出玻璃的透明、反光等特点。通过这样的练习，绘画者可以不断提升自己的绘画技巧和审美水平。

（1）铅笔起稿是绘画过程中非常关键的一步，它是整个作品的基础。起稿过程需要尽量准确地反映出实物的形状和特征，以便在绘画过程中更加自如地表现。起稿的细致程度直接影响到后续的绘画效果和完成度。因此，需要认真对待每一步，仔细观察实物，勾勒出物体的轮廓线和明暗交界线，并标注好高光的位置。另外，对于布褶的形状和位置也需要特别注意，因为这是表现物体质感和立体感的重要元素之一。在起稿的过程中，还需要注意物体之间的相互关系和位置，以便在绘画时更加准确地表现出整个画面的构图和平衡感。

（2）在画这幅作品时，需要在虚的部分刷上一遍清水，从背景的衬布开始画。背景的色调需要暗一点，可以使用熟褐色、赭石色、土黄色等土色调来调和。同时，红色中也需要加入这些土色调，以增加整幅作品的层次感和色彩丰富度。

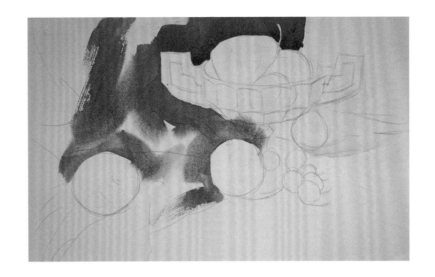

（3）趁画面湿润，需要用稍微浓一些的普兰色和群青色的混合色，画出布褶的暗部，这样颜料会很快扩散开来，产生一种模糊的效果，这样就能实现虚处理，把物体的空间感推远。

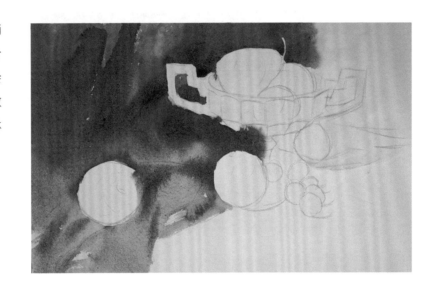

（4）在处理黄衬布时，可以在之前的基色中适量加入一些橘黄色、紫色和熟褐色。在画最上面的部分时，需要把颜色调亮一些，以突出它的明亮感。整个画面从上至下形成亮—暗—亮的效果，让观众的目光自然地从亮的部分转移到暗的部分，再回到亮的部分。

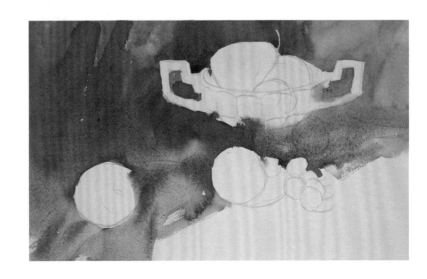

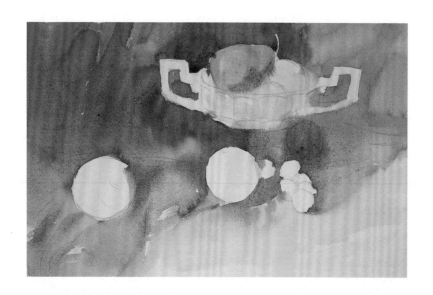

（5）在画玻璃盏时，需要先将虚的部分刷上水，留出空白。接着，画出盏里的梨子，受环境色影响，绿色调和一点红色作为基色，并调出相对的亮绿色、中绿色、暗绿色三个颜色，通过叠加画法将其体积感塑造出来。

建筑美术基础水彩

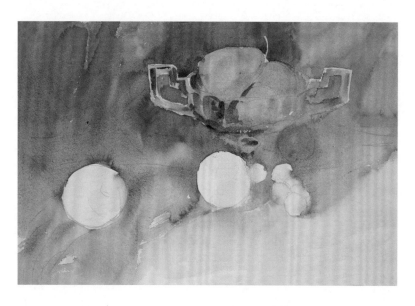

（6）在玻璃盏里填上其他水果的颜色时，不需要着急深入刻画，因为玻璃是透明的，一些颜色是透过玻璃看到的，而另一些颜色是由玻璃折射而来的，形成了一些重叠的颜色。还有一些颜色是玻璃反射出来的，特别亮，需要留白来表现这种效果。因此，需要仔细观察玻璃盏内各个水果的颜色，并在画出颜色的基础上，进行下一步的调整和处理。

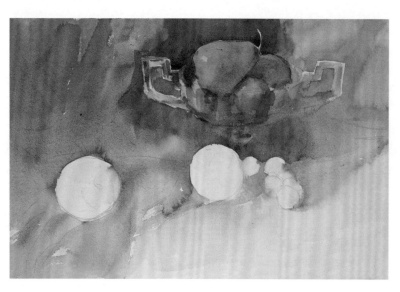

（7）在画果子的过程中，需要注意强调它们的体积感，对浅颜色和重颜色进行区分，并在此基础上添加环境色。在添加环境色的时候，要确保颜料的浓度与前一笔保持一致，或者略微浓一点。此外，需要避免加入过多的水分，因为水分过多会导致颜色随着水分的蒸发在笔触的边缘形成水渍或硬边，影响画面效果。

（8）在画完后面的果子之后，需要把前面的果子补上。在画果子的暗部和在衬布上投影的位置时，画面差不多干了，需要先刷一遍水，让它变得湿润。然后再进行画画，这样后面画的颜色就能够更好地衔接融入画面，让整个画面更加协调统一。

（9）最后，需要深入刻画一些细节，例如玻璃盏口、果梗和前景的布褶等。视觉重点应该依次为苹果、橘子、玻璃盏左边的耳部、梨子和玻璃盏右边的耳部，以形成画面的虚实有序节奏。在刻画这些细节时，需要考虑透明度和反射的影响，保证画面的真实感。同时，需要注意画笔的掌控力度和笔触的方向，以确保整个画面生动丰富且合理。

3.11　静物练习

1. 小白菜

建筑美术基础水彩

2. 白布上的土陶罐

3. 瓶与罐

4. 两个罐子

建筑美术基础水彩

5. 罐子与梨

6. 罐子与苹果

7. 古陶模型

8. 三个山楂果

9. 假葡萄

10. 四系罐

建筑美术基础水彩

11. 两个瓶子

12. 两个罐子三个果

14. 柿子与石榴

建筑美术基础水彩

16. 白牡丹

17. 紫荆花

18. 二月兰

19. 土陶罐

20. 牡丹

84

建筑美术基础水彩

21. 雏菊

23. 铁壶

24. 海螺

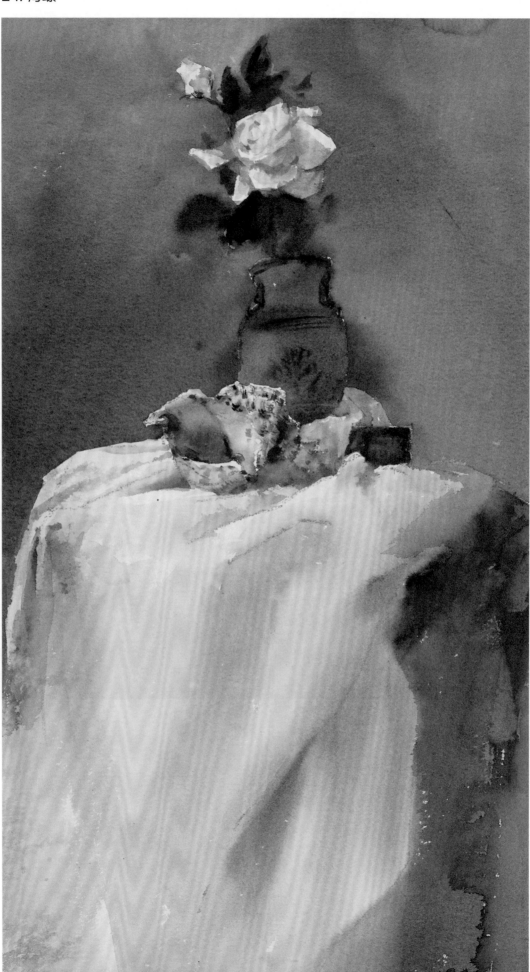

25. 双鱼

26. 陶罐与水果

27. 大青枣

28. 躺着的双车

29. 立着的双车

4

风景画元素水彩技法

建筑风景画是绘画中的一种艺术形式，以城市或农村中的建筑物、街道、广场等为主题，通过艺术手法表现出景色的美感和情感。建筑风景画需要绘画者具备深厚的绘画技巧，熟悉透视、光影、色彩等基本原理，并且需要对建筑和城市风貌有一定的了解。

建筑风景画可以描绘城市的繁华和生活的喧嚣，也可以表现出乡村的宁静和自然之美。在绘画过程中，绘画者需要把握建筑物的比例、线条和结构，运用透视法，使画面更加具有空间感和立体感。同时，还需要注意光影的处理，根据光源的方向和强度，表现出建筑物和环境的不同阴影和明暗变化。

建筑风景画需要运用多种元素构成的复杂画面。其中树、人、汽车、天空和水等元素不仅是必不可少的配景，也是画面构成的重要组成部分。因此，单体的画法练习能够帮助绘画者熟练掌握画面元素的表现技巧，提高绘画技巧和表现力，让绘画者更好地完成建筑风景画整体作品的创作。

在练习树的画法时，需要注意树干、树枝和树叶的比例和形态，树叶的表现也需要注意层次感和透明感。在练习人物画法时，需要把握好人物的比例和姿态，注意服装、发型等细节的表现。在练习汽车的画法时，需要注意车身比例、车轮和细节的表现。在练习天空和水的画法时，则需要注重色彩和质感的表现，尤其是在描绘天空和水面反射时需要特别注意。

4.1　树的画法步骤示范

　　分析：　为了更好地画出树的形态，需要掌握一些基本原则。一般来说，向阳生长的树冠形状基本都是圆形的。例如，建筑学院门口的景观树，它的树冠可以看作是由三个小球体组成的一个大球体。此外，传统的中国画谱上也指出树分四岐，树枝往往向四个方向生长。因此，在画树时，需要运用几何体的观察方法，对物体的基本轮廓进行设计和简化。这样才能更好地把握树的形态和轮廓，从而画出更具有生动感和立体感的树形。除此之外，在绘画过程中还需要注重细节，注意树干与树枝的纹理和细微变化。这样才能让树看起来更加真实和自然。

（1）在进行铅笔起稿时，要注意抓住树的基本形态、比例关系和树枝的穿插疏密关系。首先要确定整体树冠的大致形状和大小，然后再在此基础上描绘出各个主要树枝的位置和形态。在描绘树枝时，要注意主次分明，即较大的树枝和主干的描绘要精细准确，而小树枝和细节的描绘则可以略去一些。通过适当地抓大放小，来表现树的层次感和树枝的疏密关系，使得整个画面更加生动。

建筑美术基础水彩

（2）在画树的过程中，需要注意到画面的虚实关系。对于画面虚的部分，可以先用水来铺开，然后调一个树的亮部颜色。调色的时候可以将黄色、少量的树绿色和大量的水混合，调出适合树叶的颜色。在画树叶的时候，需要模仿枝叶生长的方向和状态，利用灵活多变的笔触来表现。另外，对于实的部分，需要守住树的边缘轮廓，保持清晰的形状。而对于虚的部分，则可以写意一些，大胆地铺满整个画面。总之，在画树时，要注意用不同的笔触来表现不同的部分，保持虚实的层次感。

（3）用钴蓝色调和适量的水，轻柔地涂抹在画面上，画出天空的颜色。当画面还未干时，用画笔在天空和树的交界处轻轻触碰一下，碰到画面湿的位置时，颜料就会互相渗透，形成柔和的过渡效果。画面干了之后，天空与树的轮廓将更加清晰，同时，要注意掌握好水的浓度，以免画面出现不必要的水渍或硬边。虚的部分可以用写意的笔触大胆铺满，而实的部分则要守住边缘轮廓，突出树的立体感和细节。

（4）在画树干和树枝的过程中，要注意调整颜色的深浅和微妙的变化。使用熟褐色加上群青色可以画出树干和大树枝，而小树枝则需要调入一些绿色。在画每一笔之前，都要在调色板上调和一下颜色，以便呈现出微妙的色彩变化。树干通常比较暗，而树梢的枝条则会偏绿。在画树枝时，要注意树叶的遮挡，以及树枝间的穿插关系。颜色的深浅变化能够呈现出空间的远近感，近处的树枝应该画得浓重一些，而远处的则应该画得清淡一些。按照生长规律，树枝从下到上应该越来越细，离树干越近的树枝应该越粗壮，到了树梢则要细很多。

建筑美术基础水彩

　　（5）在调色板上调和一些稍深的绿色，用它来画树的明暗交接线部分。再加入一些深绿色和群青色调和，来画树的暗部，浓一些，再点加上一些树叶。需要注意的是，要照顾到每一团枝叶的前实后虚，以及它们之间的亮暗衬托关系。这样才能使整棵树看起来更加丰满，有层次感，同时也不会显得过于杂乱无章。

（6）随着时间的推移，画面的水分逐渐减少，此时画上去的笔触会产生干笔的效果，从而形成枝条虚实的层次感。在此基础上，需要完成球状树冠的完整形态，并进行整体调整，使主次关系更加明显。对于对比太强的部分，可以使用清水揉洗，并等待稍干后再进行涂画。前景的树体应当更加饱满，而后景的树体则需要显得轻盈一些。树梢的灵动感需要通过笔触的轻重力度和方向来表现。

4.2　单色树练习

　　练习画树时，由于树的形态千变万化，可以先使用单色来练习。在练习时要注意掌握好用笔和用水的技巧，通过前期的明暗素描关系的掌握，可以更好地画出后期的色彩变化关系。这样可以逐步提高自己的绘画技巧，达到更好的效果。

1. 水木清华的断枝松

2. 松树

3. 岸柳

建筑美术基础水彩

4. 柳树

5. 杂树

建筑美术基础水彩

6. 胜因院的树

4.3 人的画法步骤示范

　　分析：在绘制建筑风景画中，人物是非常重要的配景。人物的比例稍微夸张，通常以头部大小为基准，人物总身长不低于九个头长。具体而言，胸部应该是一个头长，腰部、臀部和脚各为一头长，大腿和小腿各为两个头长，臂展则为三个头长。这样的比例能够突出人物的形态特点，使画面更加生动。在绘画时，需要注意人物比例的准确性，以免画面出现过于失真的情况。

（1）在通常情况下，可以理解为：头部是一个圆球，四肢则是圆柱形状，而胸腔、髋则是方块盒子的形状。在比例上，头部应该相对较小，各个部位都有着特定的长度。为了掌握好人物的比例，可以先从大的结构、大的比例入手，画好一个人物作为参照，再画另外一个人物。这样可以帮助我们更好地掌握人物的比例和结构，使得人物形象更加生动。

建筑美术基础水彩

（2）画人物和画静物的方法一样，需要注意区分明暗面，虚的部分可以用水来处理。在画左侧的人物时，皮肤颜色可以通过红色、黄色和水的调配来获得。衣服的颜色可以使用群青色、熟褐色和水调出一个透明的浅灰色，然后在其基础上用紫罗兰色和天蓝色分别画右臂和左臂，上衣的颜色可以用天蓝色和土黄色，裤子的颜色可以用佩恩灰色和水调和获得。同时，需要强调明暗交界线和大的结构，在掌握大轮廓的情况下可以放松虚处理。

（3）在画右侧的人物时，皮肤颜色采用红色、土黄色的混合色调，上衣部分使用湖蓝色、普兰色的混合色调，而短裤部分则是采用调和佩恩灰颜色。通过这些颜色的运用，能够有效地区分出不同部分的明暗和色彩层次，同时也需要注意强调大的结构，放松虚处理，达到画面整体的协调与平衡。

（4）在背景中填充熟褐色、群青色和大红色调和的颜色，以勾勒出人物的轮廓。要留出一些空白来表现阳光下的感觉。此外，要注意男人的脸要比女人的脸更加红润，身体的肤色也应该更加暗沉一些。

建筑美术基础水彩

　　（5）在画的过程中，要抓住湿润的时机，把大的关系调整好，等待画面逐渐干燥后，再加上一些细节和干湿对比的笔触，这样可以使画面更加生动有趣。

4.4 车的画法步骤示范

1. 正面车的画法

　　分析：汽车是一种现代交通工具，其几何特征很明显。画汽车时，可以将其形态概括归纳为几个方形的组合。比如两厢车可以看作是两个箱子的组合，而三厢车则是由三个箱子组成。这种方法可以帮助画出汽车的基本结构和比例，进而更准确地绘制汽车的各个部分。

　　（1）在使用铅笔起稿画汽车时，需要注意不仅要画出汽车的轮廓和结构线，还要画出一些细节，比如车门、车窗、轮胎、雨刷等。在画的过程中，需要保证比例的适当和透视的准确，这样才能使画面更加真实和立体。

（2）为了画好汽车，可以先用水刷一下车的暗部，此车固有色是沉稳的紫灰色，因此用少量佩恩灰色、紫色和水调和颜色。车体和影子需要一起画，这样可以增强虚实对比。玻璃窗则用天蓝色和钴兰色来画。

（3）在画暗部时，需要趁着画面还湿润的时候，画上一些车体的结构细节，这样可以使得细节部分更加自然，不会过于突兀。在画笔湿润的状态下进行描绘，这样细节线条会扩散而不会过于清晰，显得虚而不空。而在画亮部时，需要使用干笔进行描绘，并注重强调一些结构线条的明显性。

建筑美术基础水彩

（4）可以使用黄色、绿色和群青色混合绘制背景。虚的背景可以使画面深度更加明显，突出汽车轮廓的清晰感。

2. 四分之三侧车的画法

（1）铅笔起稿时需要注意的几个方面：轮廓线、大的构件、几何结构以及影子。这些都是画汽车时需要把握的重点，要注意比例适当，透视准确。

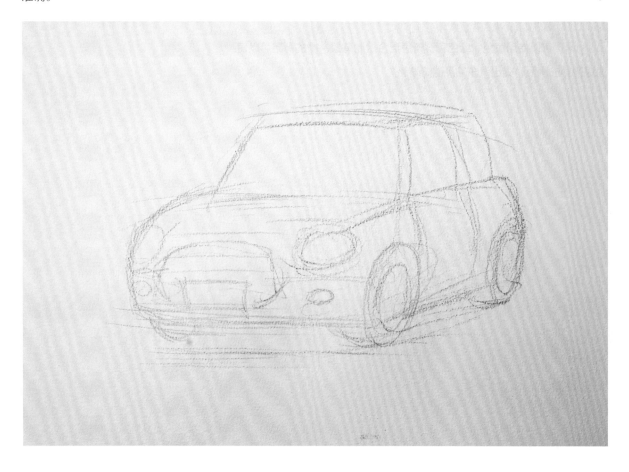

（2）首先是要在暗部刷水，接着用朱红色调和水来画亮部，然后用红色、黑色和群青色来画暗部，需要把暗部和影子连起来画，这样才能营造出虚的效果。最后，画玻璃窗时使用了天蓝色和钴兰色。

（3）在颜料还没有完全干透之前，利用颜料的扩散效应在暗部画上一些细节，窗户的暗部可以使用群青色和熟褐色进行描绘。

（4）使用黄色、绿色和群青色来涂染背景的绿植和建筑，应该要注意湿接过渡，使背景呈现出模糊的效果，以凸显出车辆的轮廓线条。等画面稍微干燥一些后，再加入更多的车辆细节来丰富画面。

建筑美术基础水彩

4.5 天空的画法步骤示范

　　分析：天空，时而晴空万里，时而白云飘飘，时而又乌云密布电闪雷鸣，变化万千。绘画者通过细腻的笔触和丰富多彩的色彩，让画纸上的天空自然融合出千种美妙的颜色和风景。白云看似飘忽不定，但认真分析后可以发现它们有体积，并可以用几何体进行概括。此时太阳光照变暖，给予天空柔和的光线，增强了画面的温暖感。

　　（1）在起稿时，绘画者可以用铅笔轻轻地勾勒出天空中的白云和山石的轮廓，以便更好地安排构图和布局。这些轮廓的细节和形状可以根据具体情况进行润色和加强，以达到画面的自然和协调。

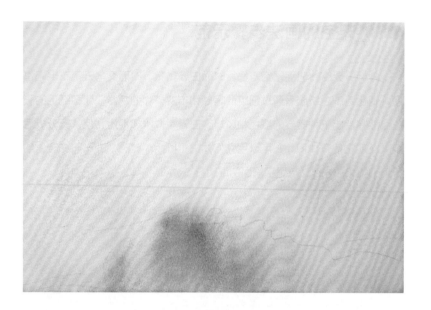

（2）先要用土黄色和水混合均匀，然后水平地在画纸上铺一遍，从而形成一个底色。这个底色会为后面的绘画过程提供基础。在绘画时，底色的选择和涂抹方式都非常重要，因为它们可以对整幅画作的颜色和色调产生重要的影响。

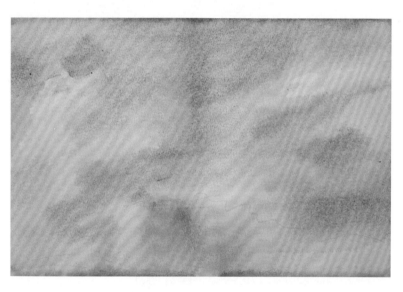

（3）在侧面观察画面时，刚好不会反光后，在此时机，绘画者使用佩恩灰色、群青色、熟褐色和水来画出白云的暗部，同时要留出白云的亮部。接着，绘画者用钴蓝色、群青色和水来描绘蓝色的天空，从上到下、由重到轻地完成色彩渐变效果。这样的描绘方式让天空的颜色变化更加自然流畅，给观者带来更好的视觉体验。

（4）使用深色的颜料，比如群青色或熟褐色，将山石的暗部粗略地画出来，这样可以初步分出山石的明暗面。要趁着画面还湿润的时候进行，以便颜料能够自然地融合在画面中。同时，还需要注意画出山石的冷暖关系，以让整个画面看起来更加丰富和立体。

（5）待画面干后，可以开始着手添加细节。但是需要注意不要过分强调山石等物体的细节，以免与天空的虚实效果产生冲突。等到天空彻底干透后，可以使用钴蓝色再次染色整个天空区域，调整画面的整体效果。在这一过程中，需要注意在保持天空虚实效果的同时，将大画面的结构和明暗关系加强，让整幅画面更加生动有致。

4.6 水的画法步骤示范

　　分析：水是一种广为人知的自然景观，人们喜欢山水之美，欣赏水面所呈现的不同色彩变化。水面的亮部会产生反光，折射出天空的蓝色；同时也会反射出岸边景色的倒影，还可以映照出水底物质的颜色。因此，可以使用多种方法来表现水面的色彩变化，如湿接、叠色和罩染等。水面倒影应该呈现出景物的虚拟映像，不宜画得太实。由于水面会受到波纹的影响，所以倒影往往是断断续续、弯弯曲曲的。

建筑美术基础水彩

　　（1）先用铅笔勾勒出岸边石的形状，同时也要注意描绘出水中的景物倒影以及波纹的形态。要注意倒影是虚拟映像，让倒影呈现出断断续续、弯弯曲曲的波纹效果。同时，要注意画面构图的呼应和协调，为形成一幅完整的水景画打好基础。

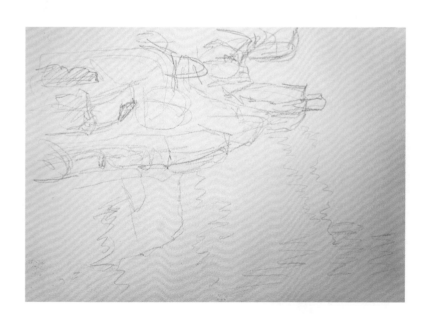

（2）在绘画的过程中，需要先用水来湿润整个画面，让颜料更加容易润开。接下来可以使用土黄色、赭石色、熟褐色和群青色等颜色，粗略地描绘出岸石的形状和纹理，注重表现出岸石的明暗和质感。在石头周围可以使用一些绿色来点缀杂草的位置，增加画面的自然感。这个步骤的重点是要抓住岸石的形状和纹理，通过色彩的变化来表现出岸石的质感。

（3）先选择湖蓝色和群青色混合后再加入水，调出适合画出水面颜色的颜料。接下来，用画笔蘸取颜料，顺着岸边石下方的位置轻轻画出水面，注意手法轻柔，不能使颜料过多聚集，也不能使画面出现不自然的断层。通过这样的方式，将水面的颜色与反射的天空颜色相呼应。

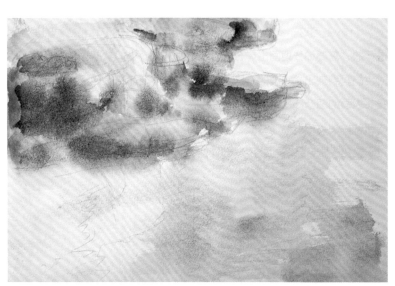

（4）在绘制水面倒影时，需要先使用树绿色、黄色和适量的水粗略地画出倒影的浅色部分，这可以为后续的绘制奠定基础。接着，用湖蓝色、群青色和水来画出倒影的重色部分，再添加适量的橄榄绿色和红色，画出水波的形状。在这个过程中，需要注重画面的微妙干湿变化，让整个画面更具层次感。

（5）在调色板上，混合群青色和熟褐色，调出一种暗深的灰色。随后，加入少量的红色和绿色，使其具有些许暖色调。用这种颜色画出岸石的暗部，注重描绘石头表面的裂缝和肌理。为了增加画面的立体感，可以根据光源的方向，更多地涂抹深色在石头的阴影处。

（6）最后这一步是在之前已经画好了岸石的基本形状和色彩的基础上进行的，需要细致地画出岸石的纹理和质感，让它们看起来更加真实，同时也能起到突出水的虚的效果。可以使用小笔在岸石上描绘出细节，比如石头表面的凹凸不平和裂缝的纹理等，还可以用颜料画出一些明暗和反光的部分，使得岸石更加有质感。在画的过程中，要注意不要让岸石的细节过于突兀，要与整幅画面相协调，使画面更加和谐。

街景水彩技法

　　街景水彩画是一种以城市街景为主题的水彩绘画。通过综合的绘画技法，绘画者可以将城市的繁华景象、人们的生活场景、建筑的美感等表现得淋漓尽致。街景水彩画的特点在于它可以将景物的色彩、光影、质感等细节表现得非常细致入微，同时还可以表现出城市的繁荣与喧嚣，让人们感受到城市的活力和魅力。

　　街景水彩画的绘制过程需要绘画者综合运用各种技巧，比如透视法、色彩的叠加与调和、画面的构图等。在绘画时，绘画者需要观察周围环境，捕捉到城市街景的特征，把握好景物的比例和位置，同时也需要运用自己的想象力和创意，让画面更具有生命力。

　　街景水彩画可以表现出城市的多样性和个性，不同城市、不同时间的景象都能被呈现出来。在绘画中，绘画者也可以运用不同的色彩和笔触，表现出城市的气息和文化。这种画风也是一种表达绘画者个人情感和感受的方式，让观众能够更深刻地理解绘画者的创作心路历程。

　　街景水彩是一种非常流行的绘画形式，需要绘画者具备很高的技巧和耐心。但是它也能够给观众带来不同的视觉享受，让人们对城市有更深刻的认识和感受。无论是在展览中还是在家里的装饰中，街景水彩都能够带来独特的魅力，让人们流连忘返。

5.1　街景1的画法步骤示范

　　分析：此街景是一点透视，增强了整个画面的空间感。在画面中，前景是人群，需要准确把握人物的形体结构和动态，同时要注意近景建筑的装饰。中景则是车辆和建筑，远景则是蓝天白云，这三个大层次在画面空间塑造中起到了重要作用。在绘画时，绘画者的笔触传达了他们的情感和审美。写生时不必面面俱到，要体现绘画者客观上的主观写意，不要画成照片。此外，虚实关系也是提升空间感的重要因素。在画街景时，远处的物体应该大胆虚化，学会取舍，这样才能提高整个画面的艺术效果。

（1）在构图起稿时，需要注意对画面进行归纳和筛选，将画面分为前景、中景和远景三个部分。同时，要注意分清楚各部分之间的前后空间关系，并把握好它们之间的疏密对比关系。在铅笔稿绘制过程中，还需要准确把握透视和比例的关系，确保画面的准确性。这样才能构建出一个有层次、有空间感的画面。

（2）先从远景蓝天白云画起，可以先用水把整个画面打湿。然后从远处的白云暗部开始，用一定比例的群青色和熟褐色混合后加大量的水来画云的暗部，要注意保留云的亮部轮廓。接着，用群青色和钴蓝色混合来画蓝天，对于深色的蓝天可以少加一些水，而浅色的蓝天则需要加入更多的水来调色。如果画的蓝色太深，可以立即使用海绵或纸巾来吸一吸，让颜色变浅。白云的亮部边缘也可以用干净的纸巾擦出来。在画远景蓝天白云这个阶段时，要特别注意掌握颜色的深浅变化和水的使用量，以达到自然逼真的效果。

（3）接下来，在画前景的人群时，需要首先用一定量的水，湿润每个人物的身体位置。然后，从浅颜色开始，逐渐画出深颜色。先要画出人物的基本形态，再画出每个人物的微妙变化。在组合人物时，也需要注意到前后远近的虚实关系，用笔要果断，并且适当保留笔触，使得人物形象更加生动和具有画意。

（4）接下来要将中景需要虚的部分刷水上色，以突出远近虚实的关系。建筑的基色是土黄色、橘黄色和赭石色，而重的颜色要用群青色和熟褐色混合。人物的周围要画出一些虚的处理，这样可以表现出画面虚实的节奏感。两块蓝色的广告张贴也需要着重表现出颜色的变化，其中一块可以用调和的普兰色来画，另一块可以调和进群青色，使画面更加丰富。柏油路面需要调和熟褐色、群青色和佩恩灰色来描绘出其颜色和质感。这样一来，整个中景部分就能够在色彩和层次感上更加丰富。

（5）这一步骤，首先要趁湿使用纸巾将马路隔离线擦出，使其显得干净利落。然后，选用颜色较干的笔触，画出建筑部分的细节。细节包括窗户、门、檐口、阴影等，需要用笔触准确地描绘，力求表达出建筑物的结构、材质和肌理，以及整个场景的氛围和情感。这样可以进一步丰富整个画面的细节和层次感的对比，增强观赏性。

（6）等画面完全干后，可以进行补画调整。先使用清水轻轻刷一遍，待水被画纸吸收进去后，补充一些需要强调的颜色或是细节。使用一些浓度大一点的颜色增加一些笔触，加强画面的层次感和细节。这个步骤可以让画面有粗糙与柔和的对比，增加画面的深度。最后，需要调整整个画面的效果。可以通过强调一些颜色、调整画面的明暗度和对比度等方式来实现。重要的是不要过度描画，让画面失去原有的生动感和自然感。

建筑美术基础水彩

5.2 街景2的画法步骤示范

　　分析：时间为下午5点左右的街口，前景和中景都被笼罩在阴影中。前景有车和行人，需要突出处理成比较亮的效果；中景的行道树呈现冷色调，属于较暗的部分；而远景的玻璃大厦则显得较亮且暖，需要强调亮度。因此，整个画面的节奏处理需要体现亮—暗—亮的节奏感。在绘画过程中，需要通过合理的色彩运用以及虚实处理来呈现出这种节奏感。

（1）在起稿时，需要特别把握好比例、透视和疏密关系，因为这些因素是构建整幅画面的基础。对于人物、车辆、建筑等物体的形态转折和结构特征，也需要认真描绘。此外，还需要考虑细节的表现，但同时也需要根据整体的画面效果进行取舍，以保证画面的简洁和清晰。好的构图是画面成功的重要保障，因此在这一阶段要认真思考和尝试，不断进行调整和优化，以达到最佳的效果。

（2）玻璃大厦建筑，虽然本身是冷色的，但在画面中反射的是温暖的夕阳。为了表现这一效果，需要用一些暖色系的色彩来打底。具体来说，可以使用土黄色和橘红色混合在一起，将这种色彩薄薄地涂抹在天空和大厦上，这样可以营造出夕阳的反射效果。

建筑美术基础水彩

（3）接下来，可以调用普兰色来描绘玻璃大厦的暗部，同时在局部冲进去一点点的紫色，这样可以形成冷暖对比的变化，使画面更加生动。

（4）接下来依次画前景的人、车、树等元素。首先需要保证画面的湿润度，然后使用树绿色和黄色画出基色，逐渐调入群青色来画出暗部中间的颜色，最后加入普兰色来画近地面部分。在绘画过程中需要根据画面结构的走向调整笔触方向，同时注意画面大的虚实和局部虚实之间的节奏关系。

建筑美术基础水彩

（5）最后，需要调整之前画的玻璃大厦的虚实关系，因为之前的冷暖对比过强，破坏了整体画面的效果。现在，用清水洗去重色，然后用纸巾压上去，把水吸干。通过调整大的虚实画面效果，来明确画面的视觉中心。这个步骤需要注意细节，比如颜色的调整和画面的整体节奏等，以确保最终的画面表现达到预期的效果。

5.3 树景练习

1. 礼堂对面的大树

2. 胜因院

3. 胜因院的树

建筑美术基础水彩

4. 荒岛

2014.5.18

5. 婺源河岸

6. 小树

建筑美术基础水彩

7. 黑瞎子岛

8. 坝上收甜菜

建筑美术基础水彩

8. 坝上收甜菜

9. 北方小村

10. 海南小径

建筑美术基础水彩

11. 老城镇上的牛

12. 鹅塘小路

13. 东极之晨

建筑美术基础水彩

14. 五大莲池的白桦

5.4 民居练习

1. 海草房的蓝窗

2. 拉海带

3. 看海的海草房

4. 海草房的村口

5. 婺源小巷

6. 婺源小街

7. 婺源小河1

建筑美术基础水彩

8. 婺源小河2

9. 婺源街口

10. 婺源小桥

11. 婺源石桥

12. 青岛小街

13. 青岛街口

15. 南浔北岸

建筑美术基础水彩

16. 南浔乘凉

17. 南浔岸舍

18. 南浔老街

2019.7.3.
W.

19. 南浔烹茶

20. 南浔老树

21. 南浔蓬船

154

建筑美术基础水彩

2019.6.28.

22. 凉棚

23. 欧洲早晨的街

24. 菊儿胡同

5.5　海边小景练习

1. 天鹅湾的家鹅

2. 落海鸥的礁石

建筑美术基础水彩

3. 烟墩角赶海

4. 海鸥

5. 归来

6. 三艘船

建
筑
美
术
基
础
水
彩

7. 一艘船

8. 船

9. 白船

10. 修船

建筑美术基础水彩

11. 大船和小船

12. 搁浅的船

13. 待出发

14. 码头

建筑美术基础水彩

15. 浪

16. 渔

17. 小船

18. 两艘大船

建筑美术基础水彩

19. 修船1

20. 修船2

21. 码头白船

5.6　清华小景练习

1. 荒岛小桥

2. 晗亭

3. 荒岛水榭1

建筑美术基础水彩

4. 荒岛水榭2

5. 树影下的胜因院

6. 胜因院的光

5 街景水彩技法

7. 胜因院的大树

8. 胜因院的教授楼

建筑美术基础水彩

9. 夏天的胜因院

10. 春天的胜因院

11. 胜因院初夏

12. 胜因院小楼

13. 学堂

14. "狐"堂

15. 礼堂

建筑美术基础水彩

16. 老教室

5.7　古迹小景练习

1. 高棉的微笑

3. 云岗石窟1

建筑美术基础水彩

4. 云岗石窟2

5.8　水彩绘画口诀

1. 起稿
观察不着急，透视与比例，

光影寻有迹，构图美第一。

2. 用笔
大笔刷大面，小笔点挑按。

笔触乱有序，随类述笔端。

3. 上色
先从浅色起，边缘有实虚。

暗部虚趁湿，上色观大局。

浓淡湿与干，时机起关键。

迎光不反光，浓压淡为先。

同类不同色，同色水不同。

同色可叠重，冷盖暖好懂。

画错不急改，若改洗待干。

上色要自信，节奏整体观。

4. 调整
虚实兼冷暖，节奏点线面。

描绘有细部，还要写意兼。

5. 忌
水多色易苍，反复色易脏，

色纯画面火，浓厚视觉堵。

建筑美术基础水彩